김범준

법준에 물리다

범준에 물리다

김범준 지음 | 어썸애니팀 그림

알파미디어

고개를 숙여 발을 보지 말고
고개를 들어 별을 보라.
보이는 것을 이해하려 노력하고
무엇이 우주를 존재하게 하는지 궁금해하라.
호기심을 가져라.

- 스티븐 호킹 -

Look up at the stars and not down at your feet.
Try to make sense of what you see,
and wonder about what makes the universe exist.
Be curious.

- Stephen William Hawking -

늘 우리 곁에 있는 과학

2023년 4월, 유튜브 채널 〈과학을 보다〉 첫 촬영이 있었다. 처음 예상했던 것보다 훨씬 많은 사람들이 과학을 다루는 콘텐츠에 관심이 많다는 것을 알게 되었고, 곧이어 개인 유튜브 채널 〈범준에 물리다〉를 시작했다. 내 주변 현실의 데이터에 관심이 많은 나는 구독자 수가 어떻게 시간에 따라 늘어나고 있는지도 당연히 그래프로 그려봤다. 바로 아래 그림이다. 처음 촬영한 동영상이 공개된 것은 2023년 9월 22일이었다. 시작 이틀 만에 1만 명을 넘은 구독자 수는 한달 만에 5만 명, 그리고 반년 만에 10만 명을 넘어, 현재 25만 명을 향해 늘어나고 있다. 내가
출연하는 〈과학을 보다〉의 큰
인기가 도움이 된 것이 분명하
지만, 믿기지 않을 정도로 사람
들의 큰 사랑을 받고 있다. 정
말 감사한 일이다.

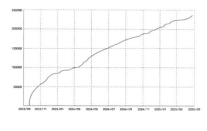

사람들은 과학을 어려워한다. 과학에 관심이 많은 사람도 과학이 우리 바로 곁에서 늘 일어나고 있는 현상을 설명하고 이해하는 방식

이라는 것을 잊고는 한다. 과학은 저 먼 블랙홀에만 있는 것이 아니다. 나와 의자가 세상 모든 것과 마찬가지로 속이 텅텅 빈 원자로 이루어져 있는데도 내 엉덩이가 의자를 통과하지 않는 것도 과학이고, 우리가 발걸음을 옮겨 앞으로 걸어갈 수 있는 것도 과학이다. 고개를 들어 바라본 봄의 하늘빛도, 해가 뉘엿뉘엿 질 때 붉게 물드는 저녁노을도 과학이다. 과학은 늘 우리 곁에 있다.

우리 바로 곁에 과학이 늘 있다는 것, 과학의 눈으로 보는 세상이 얼마나 경이롭고 아름다운지. 그리고 물리학자로 살아가는 것이 얼마나 행복한 것인지를 사람들에게 알려주고 싶었다. 과학, 특히 물리학은 수식을 주로 이용하지만 알고 보면 수식도 아름답고, 아름다운 수식으로 설명하는 자연과 우주는 더 아름답다는 것도 알려주고 싶었다.

〈범준에 물리다〉를 촬영할 때 가능한 자주 나도 모른다는 이야기를 하려고 노력했다. 사실이기 때문이다. 과학자도 사람이다. 당연히 실수도 오해도 한다. 게다가 나라는 한 명의 통계물리학자가 과학 전반을 모두 이해하고 있는 것도 아니다. 〈범준에 물리다〉를 통해서 과학도 결국 사람의 일이라는 것, 과학자도 사람이고 얼마든지 틀릴 수도 있다는 것을 보여주고 싶었다. 사람들이 콘텐츠를 보면서 내가 들려주는 이야기의 결과가 아니라, 그 결과에 어떻게 도달하려고 노력하는지, 그 과정에 주목하기를 바란다. 과학은 이루어진 지식의 모임에 붙여진 이름이 아니라, 그런 지식에 이르는 놀랍도록 합리적인 사고 과정에 붙여진 이름이다. 과학은 명사가 아니라 동사여서, 과학자는 과학의 지식을 많이 알고 있는 사람이 '과학을 하는' 것이다.

〈범준에 물리다〉에서 다룬 이야기를 엮어 이제 가만히 이 책을 세상에 내민다. 촬영 때 미처 하지 못한 이야기도 책에 담았고, 혹시 잘못된 이야기를 한 것이 있다면 바로잡으려 애썼다. 이 책을 통해서 사람들이 과학자가 어떤 눈으로 세상을 보는지, 시선이 닿은 대상이 아니라 대상을 바라보는 시선에 주목하기를 바란다. 책에는 여전히 잘못된 이야기도 있을 것이 분명하지만 솔직히 두렵지는 않다. 나도, 당신도, 그리고 아인슈타인도 틀릴 수 있다. 틀릴까 두려워 입을 다물기보다는, 내가 틀려서 사람들이 더 활발히 논의할 수 있다면 그편이 더 낫다고 늘 생각한다. 혹시 책에서 틀린 내용을 보면 꼭 알려 달라. 왜 틀렸다고 생각하는지도 함께. 이런 논의가 모여 과학이 앞으로 나아간다고 믿기 때문이다.

〈범준에 물리다〉는 나 혼자 만든 것이 아니다. 〈범준에 물리다〉에 함께하는 PD님들, 그리고 촬영과 편집을 담당하는 분들 모두에게 깊이 감사드린다. 그리고 이 책을 엮는 데 큰 도움을 주신 출판사 편집자에게도 깊은 감사의 말씀을 드린다.

2025년 5월

김 범 준

머리말

차례

2장 물리법칙으로 풀어보는 문명 스케치

3장 알아두면 약이 되는 내 몸의 물리학

4장 물리학으로 따개보는 상상 실험실

5장 그럴싸하고 잡(Job)스러운 물리학자의 탐구생활

왜 과자 봉지는 톱날 부분이 더 잘 뜯길까? / 비닐 랩이 금속 그릇에 잘 붙지 않는 이유 / 물리학자의 밸런스 게임 ① 다시 태어나면 맨날 굶고 지내는 물리학자 VS 억만장자이지만 과학의 '과'자도 모르는 사람 / 물리학자의 밸런스 게임 ② 세모, 네모, 동그라미 중에서 최고의 모양은? / 물리학자의 밸런스 게임 ③ 사막에서 길 잃기 VS 북극에서 길 잃기 / 물리학자의 밸런스 게임 ④ 완전 자율주행 자동차의 사고 책임, 차량 제조사 VS 운전석에 앉아 있는 탑승자 / 물리학자의 밸런스 게임 ⑤ 아는 것이 힘이다 VS 모르는 것이 약이다 / 물리학자의 밸런스 게임 ⑥ 무인도에 같이 갈 사람을 뽑는다면? / 물리학자의 밸런스 게임 ⑦ 무인도에 간다면 꼭 가져갈 물건은? / 물리학자의 밸런스 게임 ⑧ 시작과 중간과 끝 중 가장 중요하다고 생각하는 것은?

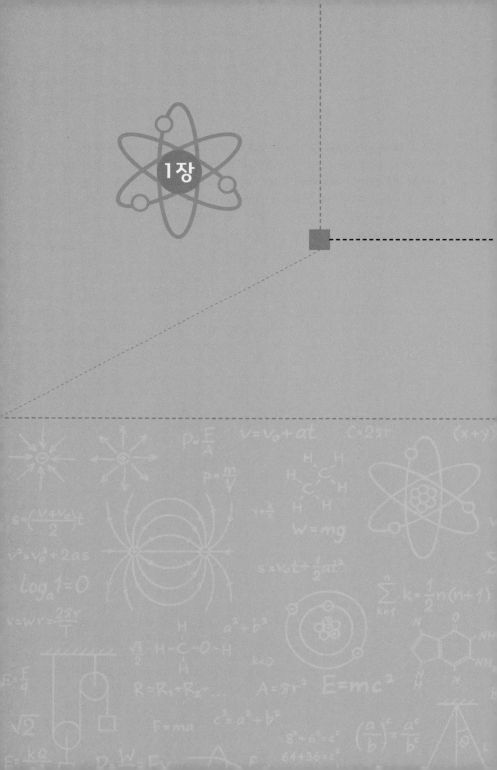

1장

세상은 물리다

아직도 양자역학이
이해가 안 되나요?

모든 사람이 어려워하는 '양자역학'

"양자역학^{quantum mechanics}이 무엇인지 이해하시나요?"

이렇게 물으면 열에 아홉, 아니 백에 아흔아홉은 고개를 가로저을 것이 분명하다. 우리가 늘 이용하는 휴대폰, LED 조명, 그리고 텔레비전과 같은 현대의 많은 전자기기는 예외 없이 모두 양자역학의 원리에 바탕해 작동하는데, 사람들은 여전히 양자역학을 모른다고 한다. 〈범물리(범준에 물리다)〉 첫 번째 주제는 누구나 한 번쯤 들어봤지만 이해하기는 어려워 모두가 멀게 느끼는 바로 양자역학 이야기다.

양자역학은 출발부터 다른 물리학과 달랐다. 양자역학을 이용해 계산하면 이미 알려진 실험 결과와 부합하는 결과가 얻어지지만, 방

세상은 물리다

금 마친 계산이 어떤 의미인지는 직관적으로 이해하기가 너무나도 어려웠기 때문이다. 양자역학의 발전 초기에 큰 기여를 한 덴마크의 물리학자 닐스 보어 Niels Bohr는 '양자역학을 보고도 제정신인 사람은 그걸 제대로 이해하지 못한 것이다'라고 이야기했다. 또 1965년에 노벨상을 수상한 미국의 물리학자 리처드 파인만 Richard Feynman은 '양자역학을 제대로 이해하는 사람은 이 세상에 단 한 명도 없다'라는 말을 남겼다. 제정신인 사람은 제대로 이해할 수 없고, 제대로 이해한 사람은 존재하지 않는 양자역학. 이야기를 본격적으로 시작하기 전에, 우리가 '무언가를 이해했다'는 말이 도대체 무슨 뜻인지, 더 근본적인 문제를 살펴보자.

여기 스페인어를 전혀 모르는 사람 A가 있다. 누군가 A에게 스페인어로 이야기한다면 A는 당연히 한마디도 알아들을 수 없다. A에게는 스페인어의 어휘, 발음, 문법 등에 대한 지식이 전혀 없기 때문이다. 양자역학에 대해서도 마찬가지다. 우리가 무언가를 이해하려면 마음속에 그 무언가에 대한 적어도 일부의 사전 지식이 필요하다. 양자역학을 이해하려면, 세상이 전자와 같은 작디작은 입자 particle로 이루어져 있다는 것을 직접적으로 인식한 경험이나, 양자역학의 세상이 어떻게 작동하는지에 대한 이론적인 사전 지식이 필요하다. 스페인어에 대해 아무것도 모르는 사람이 스페인어로 대화할 수 없듯이, 양자역학의 세상에 대한 사전 지식이 전혀 없는 사람이 양자역학을 이해하기는 당연히 어렵다.

우리 인간이 양자역학을 이해하기 위해 필요한 사전 지식을 갖기 어려운 데에는 그럴만한 이유가 있다. 매일 우리가 직접 눈으로 보는 자연현상 대부분은 상당히 큰 물체에 관련된다. 아래로 떨어지는 사과나 지구 주위를 도는 달처럼 직접 눈으로 볼 수 있을 정도의 크기를 가진 물체의 운동을 설명하는 물리학의 분야가 바로 '고전역학'이다. 뉴턴이 완성한 고전역학에 따르면 사과나 달이나 정확히 같은 형태의 운동 방정식으로 설명할 수 있다. 하지만 우리는 단 한 번도 양자역학을 따르는 입자를 직접 눈으로 본 적이 없다. 너무나도 간단한 이유가 있다. 우리가 어떤 물체를 보려면 그 대상의 크기가 우리의 시각 정보를 만들어내는 빛의 파장보다는 커야 하기 때문이다. 가시광선의 파장보다 작은 것을 직접 눈을 통해 감각할 수 없는 우리 인간은 눈앞의 물질이 어떤 입자로 이루어져 있는지, 물질을 구성하는 입자들은 어떻게 다른지, 또 그 입자들이 어떻게 움직이고 반응하는지 결코 직접 볼 수 없다. 고전역학을 따르는 대상에 대한 경험만이 있는 우리는 양자 현상(양자역학)을 이해하는 데 필요한 사전 경험이 전혀 없는 상태인 것이다. 그러니 파인만이 이야기한 것처럼, 양자 현상을 제대로 이해했다고 할 수 있는 사람은 원칙적으로 단 한 명도 없다고 할 수 있다.

양자 현상을 이해하기 어렵다는 이야기를 조금 다른 면에서도 설명할 수 있다. 예를 들어 우리가 사는 세상에 흰색과 검은색 딱 두 가지 색깔만 있다고 상상해 보자. 그 세상에서 평생을 살아가는 우리 눈은 흰색과 검은색만 볼 수 있다. 그런데 우리가 사는 흑백의 세상에 누군가가 파란색 옷을 입고 나타났다. 흰색과 검은색이 아닌 다른 색깔의 옷을 한 번도 본 적이 없는 우리는 파란색 옷을 입은 사람에게 물을 것이다.

"당신이 입은 옷은 흰색입니까, 검은색입니까?"

파란색 옷을 입은 사람은 대답한다.

"제가 입은 옷은 흰색도 아니고 검은색도 아닙니다. 제가 입은 옷의 색깔은 파란색입니다."

흰색과 검은색만 보아온 우리는 파란색 옷을 입은 사람의 대답을 듣고 당황하며 말할 수 있다.

"파란색이라니, 그런 색은 없어! 색깔은 흰색 아니면 검은색이지, 도대체 저 사람은 무슨 얘기를 하는 거야?"

흰색과 검은색만 보아온 사람들 앞에 나타난 파란색, 그것이 바로 고전역학적 세계관 속에서 살아온 우리가 만나게 된 양자역학이다. 우리는 늘 커다란 것만 봐왔지, 원자나 전자 같은 작은 입자를 직접 경험한 적이 없기 때문에 양자역학을 따르는 현상을 받아들이기 어렵다. 고전역학적 세계관을 가진 우리는 양자역학을 본질적으로 이해할 수 없다고 할 수 있다.

그렇다면 양자역학은 결코 우리가 이해할 수 없는 것일까? 앞에서 이야기한 스페인어를 모르던 사람이 마음먹고 스페인어를 조금 공부했다고 하자. 철자도 배우고 기본 문법도 배우면 대부분은 스페인어를 어느 정도 하게 되고, 더 나아가 실력이 쌓이면 스페인어로 쓰인 어려운 책도 읽게 될 것이다. 양자역학도 그렇다. 양자역학은 마치 한국어만 써온 우리가 갑자기 스페인어로 쓰인 책을 읽어야 하는 것과 비슷하다. 외국어인 스페인어를 조금이라도 배워 기본 지식을 갖추면 스페인어로 쓰인 책을 읽을 수 있듯이, 양자역학도 기본적인 내용과 체계를 알면 그 지식에 기반해서 양자 현상을 이해할 수 있다.

양자역학은 물리학과 학생이면 3학년 1학기, 2학기 정도에 배우는 기본적인 전공 교과목이다. 어느 나라 어느 대학이든 물리학과 학생이라면 모두 양자역학을 배운다. 두 학생이 양자역학 기말시험에서 100점을 받았다. 한 학생은 '나는 양자역학을 도저히 이해하지 못했어'라고 하고, 다른 학생은 '나는 양자역학을 100% 이해했어'라고 한다. 이게 납득이 되는 일일까 싶지만 사실 충분히 가능한 이야기다. '나는 양자역학을 하나도 이해하지 못했어' 하는 학생은 우리가 익숙한 고전역학의 세계관에 견주어서 '양자역학을 이해하지 못했다'는 것이고, '나는 양자역학을 이해했어' 하는 학생은 자기가 배운 양자역학 지식의 체계 안에서만큼은 양자역학을 100% 이해했다는 것이기 때문이다. 마찬가지로 앞에서 파인만이 '양자역학을 이해하지 못했다'라고 할 때의 이해는 '우리의 사고를 규정하는 고전역학적 세계관으로는 양자역학을 이해할 수 없다'라는 근본적인 문제를 지적한 것일 뿐이다.

파인만을 비롯한 대부분의 물리학자는 수학적인 방식으로 양자역학을 매일매일 자유롭게 활용한다. 양자역학에 입각해 정교한 예측을 내놓고, 실험을 통해 자신이 세운 이론과 가설을 증명하기도 한다. 이것이 매일 벌어지는 물리학자의 일상이다. 그러면서도 어떤 물리학자는 '나는 양자역학에 대해 아무것도 이해하지 못했어'라고 하고, 어떤 물리학자는 '양자역학은 우리가 매일 하는 계산이니 100% 이해하고 있는 거야'라고 상반되게 말할 수 있다. 고전역학적인 세계관에 입각해 양자역학을 이해하기는 원칙적으로 불가능하지만, 양자역학이라는 이론 체계의 테두리 안에서 정합성 측면에서는 모든 물리학자가 양자역학을 100% 이해하고 있다고도 할 수 있다.

역학이란?

물리학과의 학부 과정에서 기본적으로 배우는 과목 중엔 '역학 mechanics'이라는 단어가 들어 있는 과목이 있다. 고전역학, 양자역학, 통계역학, 전자기학(혹은 전기역학)이라고 불리는 과목이 그것이다. 역학이라는 단어가 들어 있는 과목에서는 하나같이 물리학자들이 앞으로 이용하게 될 이론의 방법론을 배운다.

여기서 역학은 물리 현상이 시간에 따라서 어떻게 변화해가는지를 예측하고 기술하는 방법이다. 고전역학에서는 비교적 커다란 물체들의 움직임을 기술하는 방법을 배우고, 양자역학에서는 원자나 전자처럼 작고 미시적인 입자들이 시간이 지나면서 어떻게 행동하는지를 다루는 역학 시스템을 배운다.

또 통계역학은 고전역학이나 양자역학을 따르는 많은 입자들로 이루어진 커다란 시스템의 거시적인 현상을 이해하고 기술하는 방법을 배우고, 전자기학 혹은 전기역학은 전자기 현상을 어떻게 기술할지 그 방법을 탐구한다. 그러니까 역학이라는 돌림자로 끝나는 물리학과의 과목은 모두 다 방법론에 관한 것이다.

고전역학과 양자역학의 차이점?

고전역학과 양자역학의 차이는 기술 방법에 있다. 작은 것을 기술할 수 있으면 그것을 모아서 큰 것을 기술할 수 있다. 그런데 큰 물체가 어떻게 움직이는지를 잘 기술할 수 있다고 해서, 그것을 구성하는 작은 입자들까지 똑같은 방법으로 기술할 수는 없다. 사실 양자역학을 이용하면 고전역학을 따르는 커다란 물체들의 세상도 원칙적으로는 모두 기술하고 설명할 수 있다. 양자역학의 테두리가 훨씬 크고, 그 안의 극히 일부분이 고전역학이라고 생각하면 된다. 고전역학은 양자역학의 결과 중에서 물체의 크기가 클 때만 적용되는 편리한 기술 방법이라고 이해하면 된다. 따라서 다루는 물체가 충분히 크다면 우리에게 익숙한 고전역학을 써도 큰 문제가 없다. 오히려 양자역학을 써서 기술하면 계산만 어려워진다. 하지만 원자나 전자처럼 아주 작은 입자들의 운동은 고전역학으로 기술하면 완전히 다른 결과를

낮게 된다. 양자역학이 더 포괄적이고, 그 테두리 안에 고전역학이라는 작은 부분이 있어서 그렇다. 즉, 고전역학은 물체의 크기가 클 때 적용되는 기술 방법이고, 양자역학은 고전역학을 포함한 더 큰 범주의 물질계를 기술하는 방법이다. 엄밀한 의미에서 세상은 양자역학을 따른다. 세상에서 일어나는 현상 중 일부는 굳이 계산이 복잡한 양자역학을 이용하지 않고 단순한 고전역학으로 설명해도 아무런 문제가 없을 뿐이다.

양자역학을 만든 사람

양자역학을 만든 사람 중에서 딱 한 사람만 고르라고 하면 답하기 어렵다. 고전역학 체계 안에 오류가 있어서 아주 작은 입자들이 일으키는 현상을 설명할 수는 없다는 문제점이 발견되기 시작한 건 19세기 말쯤이다. 그때 물리학자들은 실험을 통해서 알게 된 결과 중 일부는 고전역학을 적용하면 올바로 설명하는 것이 불가능하다는 걸 깨닫게 되었다. 그중 가장 대표적인 것이 막스 플랑크^{Max Planck}가 큰 기여를 한 '흑체복사^{black body radiation}'라는 현상이다.

흑체는 외부에서 들어오는 빛을 완전히 흡수해서 완벽하게 검게 보이는 물체다. 외부의 빛은 모두 흡수하지만 스스로 빛을 낼 수는 있다. 땔감을 때는 난로에 난 작은 구멍을 떠올려 보라. 아주 작은 구멍이라면 밖에서 구멍을 통해 들어온 빛은 대부분 난로의 내부에 머물 뿐 내부에서 다시 구멍을 통해 밖으로 나오기는 어려워서 커다란 난로에 낸 작은 구멍은 거의 완벽한 흑체처럼 작동한다. 난로의 온도가 높아지면 이 구멍을 통해서 밖으로 빛이 새어 나온다. 온도가 점점 높아지면 붉은색 빛이 노란색으로, 그리고 아주 높은 온도에서는 파르스름한 빛이 방출된다. 이처럼 흑체의 온도가 달라지면 흑체가 주로 방출하는 빛의 파장이 달라진다.

흑체복사는 주어진 온도에서 전자기파 복사^{radiation}의 방법으로 흑체가 에너지를 방출하는 현상이다. 흑체복사의 실험 결과를 고전물리학으로 설명하려는 19세기 말 물리학계의 시도는 처참하게 실패하게 된다. 이 무렵 막스 플랑크는 '흑체에서 방출되는 전자기파의 에너지는 연속적이지 않고 계단처럼 띄엄띄엄 존재한다'는 단순한 가정을 하면 당시에 알려졌던 흑체복사의 여러 실험 결과를 제대로 정량적으로 설명할 수 있다는 것을 명확히 보였다. 전자기파의 에너지가 연속적임을 말해주는 고전물리학과 비교하면 본질적으로 다른 주장을 한 셈이다. '전자기파의 에너지는 띄엄띄엄한 형태로 존재한다'는 것을 처음 주장한 막스 플랑크가 바로 양자역학의 발전을 위한 첫걸음을 뗀 물리학자라는 것에 모든 물리학자가 동의하고 있다.

뉴턴의 고전역학과 맥스웰의 전자기학으로 대표되는 고전물리학의 체계로는 도저히 설명할 수 없는 현상은 이후에도 계속 발견된다. 그중 하나가 수소에서 관찰된 문제였다. 수소를 비롯한 모든 원자는 가운데에 플러스(+) 전하량을 가지는 원자핵이 있고, 그 주위에 마이너스(−) 전하량을 가진 전자가 있다. 고전물리학에 따르면, 이 마이너스 전하량을 가지고 있는 전자가 계속 원운동을 하면 외부로 전자기파를 발생시켜야 한다. 이렇게 전자기파가 가지고 나가는 에너지만큼 에너지가 줄어든 전자는 속도가 점점 줄어들면서 원자핵에 가까워지고, 결국은 원자핵의 양성자와 충돌하는 상황에 이르게 된다. 그런데 우리가 보는 모든 원자는 가운데에 원자핵이 있고, 주변에 전자가 있는 상태를 안정적으로 유지하고 있다. 바로 이 원자의 안정성 문제는 고전물리학으로는 도저히 이해할 수 없는 현상이었다. 우리가 보는 원자는 늘 안정적인데, 바로 이 원자의 안정성이 고전물리학에 위배된다는 실로 심각한 문제가 발견된 것이다.

닐스 보어는 원자의 안정성 문제를 이해하기 위한 과감한 가정을 제안한다. '전자가 원자핵에서 어느 정도 거리를 두고 특정한 원 궤도를 따라 빙글빙글 돌고 있을 때는 전자기파가 방출되지 않는다. 따라서 전자의 에너지는 일정하게 보존된다'고 주장했다. 전자기파의 에너지가 띄엄띄엄하다는 플랑크의 과감한 가정과 마찬가지로 보어의 가정도 고전물리학의 체계에서는 말도 안 되는 과감한 가정이었다.

보어는 또 전자가 한 궤도에 계속 머물면 전자기파가 방출되지 않고 전자가 한 궤도에서 다른 궤도로 옮겨 갈 때 전자기파가 방출되는 것이라고 가정했다. 보어의 과감한 가정을 따르면, 실험에서 측정된 수소 원자에서 방출되는 전자기파의 에너지를 아주 정확하게 설명할 수 있다는 것이 알려졌다. 고전물리학의 익숙한 관념을 벗어던지고 과감한 가설을 세워 원자의 안정성과 방출 전자기파의 에너지를 설명한 보어가 바로, 플랑크의 첫걸음 이후 양자역학의 완성을 향한 두 번째 발자국을 남긴 사람이라고 할 수 있다.

그 이후에 보어의 가정이 어떤 의미인지를 구체적인 이론을 통해서 전개한 것이 에르빈 슈뢰딩거Erwin Schrödinger의 파동역학과 베르너 하이젠베르크Werner Karl Heisenberg의 행렬역학이라는 두 양자역학 체계다. 슈뢰딩거와 하이젠베르크의 양자역학 체계는 지금도 전 세계 물리학과 학생들이 3학년 때 배우는 양자역학의 앞부분에 등장한다. 슈뢰딩거와 하이젠베르크는 양자역학의 완성에 가장 크게 기여한 사람으로 꼽을 수 있다.

기묘한 양자역학의 세계를 보여주는 실험

길쭉하고 좁은 틈 두 개가 위아래로 나란히 나 있는 벽이 있다. 벽을 향해 날아온 전자는 이 두 틈을 통과한 후 계속 진행해서 어느 정도 거리를 두고 놓인 스크린에 도착한다. 스크린에는 전자가 닿으면 반짝 빛을 내는 형광물질이 발라져 있다. 전자 하나를 보내면 두 틈을 어떻게 통과하든 결국은 스크린에 도착해서 반짝 작은 불빛을 보여주게 된다. 전자 하나를 보내면 스크린 어딘가에 불이 반짝, 두 번째 전자를 보내면 스크린 어딘가에 또 불이 반짝. 이 실험을 진행하면서 스크린에 만들어진 불빛을 보면, 전자는 입자로 보인다. 스크린에 도착한 전자는 입자다.

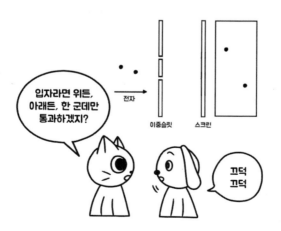

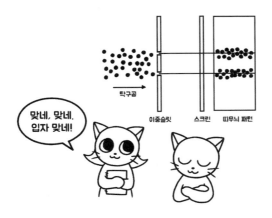

처음 몇 전자가 만들어 낸 불빛을 보면 스크린에 닿은 전자가 입자로 보인다는 것에 모든 이가 동의할 것이 분명하다. 그렇다면 전자보다 훨씬 큰 입자인 탁구공으로 같은 실험을 한다면 어떨까?

위 틈을 통과한 탁구공들이 닿은 위치, 아래 틈을 통과한 탁구공들이 닿은 위치가 모여 딱 두 개의 줄이 스크린에 보일 수밖에 없다. 실제로도 이 실험을 하면 위아래 두 줄의 형태로 탁구공들이 닿은 위치가 분포한다.

탁구공이 아닌 전자를 보내는 원래의 실험으로 돌아가서 전자를 하나씩 하나씩 보내는 실험을 이어가 보자. 처음 몇 개의 전자가 스크린에 남긴 밝은 불빛의 점은 명확한 패턴을 보이지 않지만 점점 더 많은 전자가 스크린에 도착하면서 어떤 패턴이 드러나게 된다. 실제 실험을 통해 얻어진 결과를 보면 정말 놀랍다. 스크린에 도착한 한 전자는 입자처럼 보였는데, 많은 전자가 스크린에 남긴 밝은 점들의

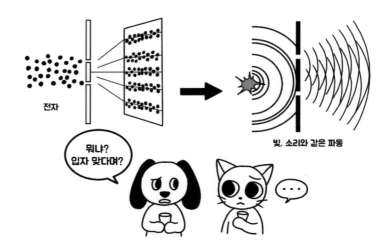

전자

빛, 소리와 같은 파동

뭐냐?
입자 맞다며?

...

분포를 보면 탁구공 같은 입자가 명확히 보여주는 것처럼 두 개의 줄이 아니라 여러 개의 줄무늬가 위아래로 늘어선 모습을 볼 수 있다. 바로, 입자가 아닌 파동이 두 틈을 진행할 때와 같은 결과다. 두 틈을 통과한 파동은 벽과 스크린 사이를 진행하며 서로 간섭해서 스크린에 여러 개의 줄무늬를 보여주기 때문이다.

이제 전자를 두 틈을 향해 보낸 이 놀라운 실험 결과를 요약해 보자. 전자 하나가 스크린에서 딱 한 점에서 반짝 불빛을 보이는 것을 보면 전자는 입자라고 할 수 있다. 하지만 이 실험을 계속 이어가면 전자가 더 자주 도착한 위치와 드물게 도착한 위치가 위아래로 여러 번 반복되며 여러 개의 줄무늬를 보여주는 것을 보면 전자는 파동이라고 할 수 있다. 그리고 이처럼 간섭무늬가 만들어지려면 우리는 아무리 직관적인 이해가 어려워도 어쨌든 받아들여야만 하는 현상을 떠올려야 한다.

　바로, 전자 하나가 두 틈을 동시에 통과하면서 자기 자신과 파동처럼 간섭현상을 만들어냈다는 사실이다. 이렇게 파동처럼 두 틈을 통과해 진행한 한 개의 전자는 스크린에 도착하는 순간 반짝 빛을 내며 입자처럼 행동한다는 결론이다. 그렇다면 과연 전자는 입자일까? 아니면 파동일까?

　전자를 하나씩 두 틈으로 보내는 이중슬릿 실험double-slit experimen에는 또 다른 흥미로운 요소가 있다. 전자가 벽에 있는 두 틈(위에 있는 틈과 아래에 있는 틈) 중에서 '어느 것을 어떻게 통과하기에 간섭무늬가 나타날까?' 하고 실험자가 가만히 지켜본다고 생각해 보자. 양자역학에서는 이처럼 어떤 일이 일어났는지, 정보를 얻는 것을 '측정'이라고 한다. 신기한 것은 이렇게 전자가 통과한 틈이 어느 쪽인지 측정하면, 스크린에는 간섭무늬가 사라지고 두 개의 띠 모양 무늬만 생긴다. 마치 측정당하는 것을 눈치챈 전자가 '무궁화 꽃이 피었습니다' 놀이의 정지/움직임 상태의 변화처럼 갑자기 파동으로서의 태도를 바꾸어 입자처럼 행동하는 것이다. 양자역학에서는 측정이라는 행위가 전자의 양자역학적인 상태를 급격히 바꾸기 때문이라고 해석한다.

　물리학자들은 입자와 파동이 명확히 서로 구분되는 것은 커다란 것들을 다루는 고전물리학의 세계에서만 가능하다고 생각한다. 전자

와 같은 작은 입자들의 세상에서는 전자는 입자이자 파동이며, 입자
도 아니고 파동도 아니라고 할 수 있다. 전자는 흰색(입자)과 검은색
(파동)만 알고 있는 우리 마을(고전물리학의 세상)에 방문한, 우리 마을
사람들이 단 한 번도 보지 못한 파란색(양자) 옷 입은 외부인과 비슷
하다. 파란색 입은 사람에게 흰색과 검은색의 양자택일을 강요하는
것은 옳지 않다.

　전자는 입자도 아니고 파동도 아닌 전자일 뿐이다. 전자가 이상해
보이는 이유는 우리가 오로지 고전물리학의 세계만 직접 경험할 수
있기 때문일 뿐이다. 전자가 보여주는 이상한 현상을 이해하려면 비
록 우리 눈으로 직접 볼 수 없어도 파란색도 이해할 수 있는 안목과
소양이 필요하다. 양자역학의 표준적인 이론 체계 안에서 전자의 이
중슬릿 실험의 결과는 명확히 설명된다.

영화 속 양자역학의 활용

양자역학과 관련된 재미있는 상상이 담겨 있는 영화가 있다. 바로 영화 〈앤트맨Ant-Man〉이다. 수소 원자는 하나의 양성자로 이루어진 원자핵과 하나의 전자를 가지고 있다. 이 수소 원자의 구조를 살펴보면, 가운데 있는 원자핵은 매우 작고, 전자는 원자핵에서 상당히 멀리 떨어져 있다. 만약 수소의 원자핵이 태양의 크기라면 수소 원자가 가지고 있는 단 하나의 전자는 태양으로부터 명왕성까지의 거리보다 열 배 정도 더 먼 거리에 있는 셈이라는 것을 확인할 수 있다. 실제의 태양계라면 태양에서 출발해 그 정도 거리까지 닿기 전에 여러 행성과 천체 등 재밌는 볼거리가 많지만, 수소의 원자핵에서 출발한 상상의 우주선은 그 먼 거리를 아무 구경거리도 없이 여행해야 하는 셈이다. 태양계도 텅텅 비어 있고, 수소의 원자 내부도 텅텅 비어 있다.

〈앤트맨〉의 상상은 원자의 내부가 이렇게 텅 비어 있으니 공간적으로 '전자를 원자핵 가까이 당기면 원자의 크기를 줄일 수 있지 않을까?'라는 생각에서 나온 것이다. 정말로 원자핵과 전자 사이의 거리를 좁혀서 원자 하나의 크기를 급격하게 줄일 수 있을까? 그렇게 크기를 줄여서 앤트맨 같은 히어로를 탄생시킬 수 있을까? 물리학자들은 그런 일은 불가능하다고 생각한다. 원자의 크기를 지금보다 수천만 배, 수억 배로 줄일 수 있으려면 원자핵과 전자 사이의 상호작용이 훨씬 더 강해야 한다. 그런데 원자핵과 전자 사이의 전기력이 지금보다 수천만 배, 수억 배 더 강하면 우리가 살고 있는 우주는 지금과 같은 모습일 수가 없다. 앤트맨의 세상은 재미있는 영화 속 상상일 뿐, 물리학으로는 전혀 가능하지 않다.

많은 사람들이 양자역학을 물리학자들이 이론으로 만들어 놓은 별도의 세상처럼 생각한다. 하지만 사실은 그렇지 않다. 우리가 사는 세상의 모습은 모두 다 양자역학으로 결정된다. 예를 들어 지금 의자에 앉아 있다고 하자. 어떤 이유로 우리는 의자에 앉아 있을 수 있을까? 의자에 앉은 사람의 엉덩이와 의자가 만나는 부분을 현미경으로 확대해 원자 수준에서 보면, 엉덩이를 구성하는 원자와 의자를 구성하는 원자가 딱 붙어 있을 리 없다. 둘 사이에 일정한 거리를 두고 떨어져 있다. 엄밀하게 말하면 의자에 앉은 사람은 의자 위에서 공중부양 하고 있는 셈이다.

엉덩이의 원자나 의자의 원자나 모두 텅텅 비어 있는데 왜 우리 엉덩이는 의자를 스르륵 관통해 아래로 떨어지지 않을까? 그게 바로 양자역학 때문이다. 양자역학의 입자 중에는 하나의 에너지 상태에 두 개가 함께 존재할 수 없는 입자들이 있다. 전자로 대표되는 이런 입자들을 물리학에서는 '페르미온fermion'이라고 부르는데, 페르미온은 한 위치에 둘이 함께 있는 것을 싫어하는 경향이 강하다. 엉덩이의 원자가 가진 전자, 의자의 원자가 가진 전자는 같은 곳에 있기를 싫어하고, 서로 싫어하는 이 성향이 결국 두 원자가 아주 가까워지는 것을 막고 있다. 결국 우리가 의자에 가만히 앉아 있는 것도 모두 다

양자역학 덕분인 셈이다.

양자역학이 미치는 영향은 이것뿐만이 아니다. 우리가 사용하는 휴대폰 안의 전기 소자는 거의 다 반도체로 구성되어 있다. 이 반도체가 작동하는 원리도 다름 아닌 양자역학이다. 이렇게 자연에 존재하는 물질 하나하나부터 인공적으로 만들어진 수많은 전기전자제품에 이르기까지 세상의 모든 것은 궁극적으로 양자역학이 결정한다. 우리는 단 1초도 양자역학이 지배하는 세상에서 벗어난 적이 없는 셈이다.

시간은 도대체 왜
미래로만 흐를까?

엔트로피 증가의 의미

커피를 쏟거나 평소 아끼던 접시를 깼을 때, 우리는 순간적으로 '아, 시간을 되돌릴 수 있다면 얼마나 좋을까?' 하고 바란다. 그러나 시간은 거꾸로 흐르지 않고, 한번 벌어진 일은 되돌릴 수 없다. 컵에 가득 담긴 커피, 꽃무늬가 선명한 접시의 본래 모습이 아른거리지만 원래의 모습으로 다시 돌아가는 일은 결코 일어나지 않는 것이다. 어째서 시간은 거꾸로 흐르지 않는 걸까? 이 질문에 과학적으로 합당한 설명을 위해 '엔트로피entropy'에 대해 먼저 알아보자.

과거 엔트로피라는 개념이 등장하기 전에도 많은 과학자는 자연현상 중에서 어떤 것들은 '시간의 흐름에 따라 한쪽 방향으로만 진행되지, 반대 방향으로는 진행되지 않는다'는 것을 알고 있었다. 예를 들어 물컵에 물을 담아 놓고, 그 안에 잉크 한 방울을 떨어뜨려 보자. 그러면 잉크 방울의 색을 만들어내는 작은 입자들은 시간이 지나면서 물컵 전체로 퍼져나간다. 이렇게 물에 잉크가 번져나가는 것을 '확산diffusion'이라고 한다. 물에 떨어뜨린 잉크 입자는 물 전체로 퍼지기만 하지, 물 전체로 균일하게 퍼져 있던 잉크 입자들이 저절로 다시 모여서 작은 잉크 방울의 모습으로 되돌아가는 일은 결코 일어나지 않는다. 만약 그런 일을 목격한 사람이 있다면 그야말로 기적을 본 것이다. 확산은 물질계의 변화가 한쪽 방향으로만 일어나는 대표적인 현상이다.

또 다른 예도 있다. 자, 여기 뜨거운 물체와 차가운 물체가 있다. 이 두 물체를 딱 붙여 보자. 그러면 시간이 지나며 두 물체 중 뜨거운 물체는 온도가 점점 내려가고, 차가운 물체는 온도가 점점 올라간다. 그러다 어느 시점에 두 물체의 온도가 같아지고 나면 계속 그 상태를 유지한다. 차가운 물체는 뜨거운 물체 쪽으로부터 에너지를 공급받아 온도가 올라가고, 뜨거운 물체는 차가운 물체 쪽으로 에너지를 보내면서 온도가 내려가 결국 두 물체의 온도가 같아지는 것이다. 두 물체의 온도가 같아진 다음에는 아무리 기다려도 처음처럼 한 물체는 뜨거워지고 다른 물체는 차가워지는 변화는 결코 일어나지 않는다.

이처럼 잉크 방울이 확산되거나 뜨거운 물체에서 차가운 물체 쪽으로만 에너지가 전달되는 것처럼 '자연 현상에는 한쪽 방향으로 일어나는 변화는 관찰할 수 있지만, 그 반대 방향으로 일어나는 변화는 관찰되지 않는다'는 문제는 과학이 빠르게 발전하던 19세기 후반, 많은 물리학자들이 주목했던 연구 주제였다. 물론 지금은 이 문제를 '엔트로피'라는 개념을 통해 얼마든지 설명할 수 있다.

한쪽 방향으로만 일어나는 자연 현상을 설명하기 위해 과학자들이 처음 집중했던 분야는 '열역학^{thermodynamics}'이었다. 당시 열역학 분야에서 어떤 시도들이 있었는지 살펴보며 엔트로피에 다가가 보자.

열역학 분야에서의 시도 ①
줄의 열역학 실험

열역학은 '열^{thermo}'+'역학^{dynamics}'의 합성어로, '열^{heat}'과 '일^{work}' 등의

거시적인 물리량 사이의 관계를 설명하는 학문이다. 이 열역학을 연구한 물리학자로 첫 번째 소개할 인물은 영국의 물리학자 제임스 줄 James Prescott Joule이다. 줄은 열기관에 관심이 많았는데, 그는 이른바 '물갈퀴 달린 실험 장치'라는 기발한 아이디어로 실험을 한다.

물갈퀴가 달린 실험 장치에는 먼저 물을 담아 놓은 밀폐된 원통이 있다. 원통은 외부와 잘 차단되어 있어서 어떤 형태의 에너지도 원통 밖에서 안으로, 그리고 안에서 밖으로 전달될 수 없는 상황이다. 원통 안에는 물의 온도를 잴 수 있는 온도계와 바람개비처럼 뱅글뱅글 돌아가는 프로펠러가 있고, 그 프로펠러가 장착된 축은 바깥으로 연결되어 끝 부분에는 추를 매단 줄이 감겨 있다. 한편 추를 매단 줄은 도르레를 통해서 위아래로 움직일 수 있는 추(질량)에 연결되어 있다. 추가 중력장 안에서 아래로 내려가면 프로펠러 축에 감겨 있던 줄이 풀리면서 자연스럽게 프로펠러가 돌아간다.

줄은 먼저 추가 위에 있는 상황에서 원통 안 물의 온도를 잰다. 다음에는 잡고 있던 추를 놓아서 추가 아래로 내려가면서 원통 안의 프로펠러가 돌아간다. 추가 원통 밖에서 아래로 내려가 지면 위에 멈추고 나면 원통 안 물의 온도를 잰다. 나중에 잰 온도가 처음 잰 온도보다 미세하게 높아 물의 온도가 올라갔다는 결과를 얻는다.

줄은 이 실험을 통해 무엇을 보여주었을까? 질량이 있는 물체(추)가 아래로 내려가면 그 물체가 가지고 있는 중력gravity에 의한 퍼텐셜

에너지(위치 에너지)가 감소하고, 이때 줄어든 에너지는 원통 안의 프로펠러를 회전시키는 운동에너지로 전환된다. 이어서 프로펠러는 회전하며 주변의 물과 계속 부딪혀 물분자들의 운동에너지를 늘리고, 결국 이렇게 전달된 에너지가 물을 데워 물 전체 온도가 조금 오른 것이다.

당대에 줄의 실험은 상당히 흥미로운 것이었다. 왜냐하면 추가 아래로 내려가면서 원통 안의 물에 '역학적 일'의 형태로 에너지를 전달했는데, 물의 온도가 올라간 것은 뜨거운 무언가에 접촉했을 때 처럼 '열'이라는 형태로 에너지가 전달된 것이었기 때문이다. 결국 줄의 실험은 역학적인 일이 열로 변환된다는 것을 알려주었다.

헬름홀츠의 열역학 제1법칙

'일과 열은 동등하며 서로 전환될 수 있다'는 줄의 연구 이후, 헤르만 헬름홀츠 Hermann L. F. von Helmholtz라는 독일의 과학자는 우리에게도 익숙한 '열역학 제1법칙(에너지 보존 법칙)'을 제안하게 된다. 헬름홀츠가 제안한 '우주 전체와 같은 고립된 시스템의 에너지는 일정하게 유지된다'는 열역학 제1법칙을 외부와 단절되어 있지 않은 작은 시스템에도 생각해 볼 수 있다. 이 물체는 가지고 있는 에너지를 외부로 빼앗길 수도 있고, 외부에서 물체로 에너지를 전달할 수도 있다. 이 물체에 열역학 제1법칙을 적용하면, 물체의 에너지는 외부에서 들어온 만큼 증가하고, 바깥으로 나간 만큼 감소한다고 이야기할 수 있다. 우리의 통장 잔액이 들어온 돈이 많으면 늘어나고, 나간 돈이 많으면 줄어드는 것과 다름없는 이치다.

통장을 비유로 들었으니 잔액을 계산해보자. 간단하게 1월 1일의 잔액은 100만 원이었는데, 1월 31일에는 통장 잔액이 200만 원이었다. 잔액이 100만 원 늘어난 셈이다. 그런데 여기서 늘어났다는 것은 무슨 의미일까? 월급이나 수당, 보너스 등으로 들어온 돈에서 이렇게 저렇게 나간 돈을 빼고 나니 100만 원이 남았다는 뜻이다. 1월 31일의 잔액은 처음 1월 1일의 잔액에 한 달 동안 번 돈을 더하고 쓴 돈을 뺀 것과 같을 수밖에 없다.

물체의 에너지 변화도 똑같다. 물체가 처음에 가지고 있던 에너지에서 들어온 에너지와 나간 에너지를 더하고 **빼면** 최종 에너지 양을 정확히 알아낼 수 있다. 통장에도 들어오고 나간 돈이 월급이나 카드 결제액처럼 여러 종류가 있듯이, 물체의 에너지를 바꿀 수 있는 것도 여러 종류다. 열역학에서는 이들 다양한 종류의 들고나는 에너지를 크게 두 종류로 구분한다. 바로 줄이 밝힌 '일'과 '열'이다. 어떤 시스템(물체)의 에너지가 얼마나 변했는지는, 그 과정에서 시스템이 바깥으로 내보낸 일과 열을 계산하여 첫 번째 과정이 시작되기 전의 에너지에 더하면 마지막 상태에서의 에너지가 된다는 말이다. 이것이 헬름홀츠가 정리한 열역학 제1법칙인 에너지 보존 법칙이다. 에너지는 전달될 수 있지만 결코 사라지지 않는다.

열역학 분야에서의 시도 ③
클라우지우스의 엔트로피 증가의 법칙

열역학 제1법칙에 이어 등장한 것은 열역학 제2법칙인 '엔트로피 증가의 법칙'이다. 처음 엔트로피 개념을 떠올릴 때 가장 큰 기여를 한 사람은 루돌프 클라우지우스Rudolf J. E. Clausius라는 독일의 물리학자다. 그는 '열은 뜨거운 쪽에서 차가운 쪽으로만 이동할 뿐 그 반대 방향으로는 이동하지 않는다. 그렇다면 이 현상을 어떻게 설명할 수 있을까?'를 고민하다가 엔트로피라는 개념을 제안하게 된다. 두 물체를 붙여 놓으면 뜨거운 쪽에서 차가운 쪽으로만 열이 전달되는 것이 자연스러운 과정이다. 클라우지우스는 이런 자연스러운 방향의 열역학적 과정에서 줄어들지 않고 항상 늘어나는 양을 생각해내고 그 양에 '엔트로피'라는 이름을 붙인다. 클라우지우스가 정의한 엔트로피의 변화량을 문장으로 적으면 다음과 같다. '어떤 물체의 온도를 T라고 하고, 그 물체에 Q라는 열이 전달되면, 이 물체의 엔트로피(S)는 분모에 T, 분자에 Q를 써서 $\frac{Q}{T}$만큼 늘어난다.' 클라우지우스가 제안한 엔트로피의 변화량을 이용하면 뜨거운 물체에서 차가운 물체로 열이 전달되는 과정에서는 전체 엔트로피가 늘어난다는 것을 쉽게 증명할 수 있다.

열의 양(Q)을 절대온도(T)로 나눈 양을 엔트로피(S)의 변화량 S로 정의합시다.

$$\Delta S_{엔트로피} = \frac{Q\ \text{열의 양}}{T\ \text{온도}}$$

가령 물체 A가 물체 B에 Q만큼의 열을 전달했다면, 물체 A의 엔트로피 변화량은 $\Delta S_A = -\frac{Q}{T_A}$, 이고, 물체 B의 엔트로피 변화량은 $\Delta S_B = \frac{Q}{T_B}$가 된다. A는 열을 밖으로 전달했고, B는 열을 전달받았기 때문이다. 결국 물체 A와 물체 B 전체의 엔트로피 변화량은 $\Delta S = \Delta S_A + \Delta S_B = Q\left(\frac{1}{T_B} - \frac{1}{T_A}\right)$ 라는 결과를 얻게 된다. A의 온도가 B의

온도보다 더 높아 $T_A > T_B$ 라면, 전체의 엔트로피 변화량은 0보다 크다($\Delta S > 0$)는 결과를 얻게 된다. 한편 차가운 물체에서 뜨거운 물체로 열이 거꾸로 전달되면 전체의 엔트로피는 줄어든다는 것도 확인할 수 있다.

클라우지우스는 본인이 제안한 이 엔트로피 수식을 이용해서 열은 뜨거운 물체로부터 차가운 물체 쪽으로 전달되지, 거꾸로 차가운 물체에서 뜨거운 물체 쪽으로는 전달되지 않는다는 것을 설명했다. 또한 자연에서 일어나는 자연스러운 변화의 방향에서는 항상 엔트로피

가 증가한다고 제안했다. 자연에 허락된 변화의 방향은 항상 엔트로피가 증가하는 방향이다.

볼츠만의 통계역학적 엔트로피 증가

열역학적 엔트로피가 늘어나는 과정으로 가장 대표적인 자연 현상은 뜨거운 물체에서 차가운 물체 쪽으로 에너지가 전달되어 뜨거운 물체의 온도는 내려가고, 차가운 물체의 온도는 올라가는 것이다. 이를 수식으로 설명한 것이 클라우지우스의 '열역학적 엔트로피'였다면, 그와는 조금 다른 방식으로 접근한 과학자가 있다. 바로 루드비히 볼츠만Ludwig Eduard Boltzmann이다. 나를 포함한 모든 통계물리학자가 통계역학의 창시자로 여기는 볼츠만이 제안한 것이 '통계역학적인 엔트로피'다.

볼츠만의 통계역학적 엔트로피를 설명하는 가장 좋은 방법은 앞에서 잠깐 언급한 투명한 물에 떨어뜨린 잉크 방울이다. 잉크 방울에는 색깔을 띤 많은 입자가 있다. 잉크 입자가 좁은 공간에 모여 있는 처음 상황과 넓은 공간에 퍼져 있는 상황, 각각의 두 상황에 대해서 입자 하나가 있을 수 있는 위치의 가능성, 혹은 경우의 수를 비교해 보자. 당연히 처음 좁은 공간에 있을 때보다 전체에 고르게 퍼져 있을 때 경우의 수가 훨씬 더 크다.

볼츠만은 잉크 입자가 전체에 고르게 퍼져 있을 때의 경우의 수가 훨씬 크다는 것에 착안했다. 그렇다면 잉크 입자가 퍼져 가는 과정은 다름 아닌 입자들이 있을 수 있는 위치의 경우의 수가 늘어나는 과정이 된다. 볼츠만은 이처럼 경우의 수가 점차 늘어나는 과정이 '엔트로피가 증가하는 과정'에 대응한다고 제안했다. 엔트로피가 증가하는 과정에서 주어진 시스템이 가질 수 있는 경우의 수는 점점 더 늘어난다는 것이다. 볼츠만의 통계역학적인 엔트로피는 결국 시스템에 허락된 경우의 수의 증가함수가 된다.

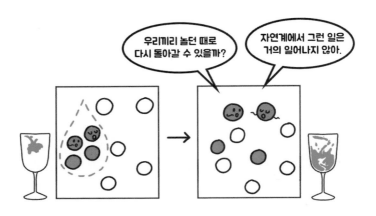

두 과학자의 제안을 바탕으로 엔트로피 증가가 어떤 의미인지 정리해 보자. 먼저 클라우지우스는 열역학적 엔트로피를 통해 '열은 뜨거운 물체에서 차가운 물체 쪽으로 흐른다'는 것을 설명했다. 이어 볼츠만은 통계역학적인 엔트로피를 통해서 시스템이 가질 수 있는 여러 가능한 경우의 수가 늘어나는 것이 엔트로피가 증가하는 과정

이라고 설명했다.

동전 100개를 던지면 모든 동전이 앞면인 상황에 해당하는 경우의 수는 딱 1이지만, 절반이 앞면인 상황에 해당하는 경우의 수는 100개의 동전 중 앞면을 보일 50개 동전을 고르는 가짓수여서 정말 크다. 결국 동전 100개를 모두 앞면으로 해서 상자 안에 넣고 마구 흔든 다음 상자를 열면 우리는 절반 정도가 앞면인 상황을 보게 된다. 동전 절반 정도가 앞면일 확률이 모든 동전이 앞면일 확률보다 무척 크기 때문이라는 아주 단순한 이유다. 나를 포함한 통계물리학자들은 결국 엔트로피 증가의 법칙이 단순하게 '일어날 확률이 큰 사건은 일어나게 마련'이어서 너무나도 직관적으로 당연한 자연법칙이라고 생각한다.

엔트로피는 항상 증가할까?

열역학 제2법칙에 따르면 우리는 엔트로피가 증가하는 세상에 살고 있다. 그러나 엔트로피가 어떤 상황에서도 항상 무조건 늘어난다고 생각하는 것은 오해다. 볼츠만의 엔트로피가 어떤 특정 상황에서는 얼마든지 줄어드는 것도 가능하기 때문이다.

엔트로피가 줄어드는 경우를 카드 예로 알아보자. 여기 카드 게임을 하고 있는 사람들이 있다. 그중 A라는 사람이 게임을 하기 위해 카드를 잘 섞는다. 그런데 A와 함께 온 친구 B가 옆에서 애써 섞어놓은 카드를 다시 원래대로 바꾸어 놓는다. 이렇게 되면 A가 아무리

카드를 섞어 놓아도 B가 다시 바로잡아 놓으니 엔트로피는 늘어나지 않는다. 엔트로피가 늘어나려면 B가 카드를 정돈된 상태로 바꾸는 일을 하지 않아야 한다. 마찬가지다. 시스템의 엔트로피가 증가하려면 외부의 방해나 간섭이 없어야 한다는 조건이 충족되어야 한다. 이렇게 외부와 영향을 주고받을 수 있는 길이 차단되어 완벽하게 고립된 시스템을 물리학자들은 '고립계isolated system'라고 부른다.

고립계가 아니어서 외부와 영향을 주고받을 수 있는 경우에는 얼마든지 엔트로피가 감소할 수 있다. 그중 대표적인 것이 바로 생명현상이다. 생명은 외부로부터 항상 정보와 에너지를 주고받는다. 생명은 이처럼 결코 고립계가 아니어서 자신 내부의 엔트로피를 얼마든지 줄일 수 있고, 바로 자신의 엔트로피를 줄이는 이런 끊임없는 활동이 바로 생명의 특성이라고 할 수 있다.

우리가 만약 먹지도 않고, 숨도 쉬지 않는 상황을 지속해 자신을 고립계로 만들면, 그때야 우리 몸은 자연적으로 엔트로피가 증가하게 된다. 그게 언제일까? 바로 우리가 죽었을 때다. 생명 활동이 멈춰 외부와 아무런 물질 교환을 하지 않으면 우리 몸의 엔트로피가 계속 증가하는 과정을 겪게 된다. 결국 우리 몸을 구성하는 모든 입자가 넓은 공간에 흩어진 최대 엔트로피의 상황을 맞게 된다. 그러고 보면 '생명은 엔트로피를 거스르는 도약'이라고 한 프랑스의 철학자 앙리 베르그송Henri Bergson의 말처럼, 그리고 '생명은 음의 엔트로피를 외부로부터 받아들여 자신의 엔트로피를 줄이려고 끊임없이 노력한다'는 물리학자 슈뢰딩거의 말처럼, 엔트로피 증가의 법칙을 끊임없이 거슬러 이겨내는 것이 바로 생명의 특성이라고 할 수 있다.

시간이 흐르는 이유

알베르트 아인슈타인Albert Einstein은 엔트로피 증가 법칙과 같은 열역학의 법칙들이 '결코 미래에도 흔들리지 않을 유일하고 보편적인 이론'이라고 했다. 에너지는 보존되고 엔트로피는 증가한다는 열역학의 법칙은 시스템을 구성하는 입자들이 고전역학을 따르든 양자역학을 따르든 위배될 수 없다. 뉴턴의 보편 중력 법칙은 중력의 크기가 두 물체 사이의 거리(r)의 제곱(r^2)에 반비례한다는 것을 알려준다. 물리학자는 중력의 크기가 r^2이 아니라 $r^{2.1}$에 반비례하는 세상을 그래도 상상할 수는 있지만, 엔트로피 증가의 법칙은 이렇게 바뀐 뉴턴의 중력이론에서도 여전히 성립해야만 한다. 마찬가지다. 물론 그럴 리는 없겠지만, 현대 물리학이 알아낸 양자역학이 잘못된 것으로 판명되는 미래를 상상할 수 있다. 하지만 그 미래에도 현재 열역학의 법칙은 여전히 성립해야만 한다. 엔트로피 증가의 법칙과 같은 열역학의 법칙은 어떤 이론도 만족해야 하는 이론, 이론의 이론이라는 성격을 가지는 본질적인 것이기 때문이다.

열역학과 통계역학을 통해 잘 이해하고 있는 '자연스러운 변화의 방향은 엔트로피가 증가하는 방향'이라는 표현에서 '자연스러운 변화의 방향'은 시간이 과거에서 현재를 거쳐서 미래로 흐르는 것을 뜻한다. 처음에는 작은 잉크 방울에 모여 있던 입자가 시간이 흐르면서 물 전체로 점점 퍼지는 것처럼, 우리는 엔트로피가 증가하는 것을 시간의 흐름 속에서 보게 된다. 즉, 엔트로피가 증가한다는 것과 그 시스템의 시간이 미래로 흐르는 것, 이 두 현상을 항상 동시에 관찰하게 되는 것이다. 시간이 흘러가는 방향과 엔트로피가 증가하는 방향이 같다는 의미에서 물리학자들은 이를 '열역학적 시간의 화살^{arrow of}time 또는 time's arrow', 혹은 '통계역학적 시간의 화살'이라고 부른다. 시간은 날아가는 화살처럼 방향을 가지며 진행하는데, 시간의 화살이 날아가는 방향이 바로 엔트로피가 증가하는 방향이다.

그렇다면 시간과 엔트로피는 어떤 관계일까? 시간이 흐르는 방향과 엔트로피가 증가하는 방향이 같은 것은 그저 늘 함께 관찰되는 현상일 뿐일까? 아니면 시간이 흐르기 때문에 엔트로피가 증가하거나 엔트로피가 증가하는 것이 원인이 되어 시간이 흐른다는 결과가 만들어지는 것일까?

아쉽게도 물리학자들도 아직 명확한 답을 갖고 있지 않다. 다만 개인적으로는 시간의 흐름과 엔트로피 증가는 인과관계는 아니며, 엔트로피가 감소한다고 해서 시간이 과거로 흐르지는 않을 것이라는 게 솔직한 생각이다. 시간과 엔트로피의 관계에 대해 나와 다른 견해를 가진 물리학자들도 있다는 것을 밝힌다.

무한동력은 가능할까?

　그리스 신화 속 프로메테우스Prometheus는 인류에게 불을 건네주고 신들로부터 영원한 형벌을 받았다. 신만이 가질 수 있는 에너지인 불을 받은 인류는 어둠과 추위에서 해방되었고, 지구의 주인으로 거듭 났으며, 신계에 범접하는 문명을 세웠다. 그런데 프로메테우스가 지금의 인류와 다시 만난다면 무엇을 주려고 할까? 혹시 '무한동력'을 선물하려고 하지는 않을까? 어떠한 에너지의 보급이나 손실도 없이 영원히 움직이는 무한동력은 가능할까?

세상은 물리다

일부 사람들이 인류를 구원할 궁극의 발명이라며 매달리는 무한동력을 물리학자들은 '영구기관perpetual motion machine, PMM'이라고 한다. 영구기관에는 종류가 있다. 제1종 영구기관은 외부로부터 연료(에너지)를 공급받지 않은 상태에서 작동하여 에너지를 생산해내는 기관이다. 아무런 외부의 영향이 없어도 계속 돌아가며 영원히 물을 길어올리는 수차, 외부의 에너지 공급이 없어도 한번 돌면 영원히 멈추지 않고 회전하며 에너지를 생산해내는 발전기가 제1종 영구기관에 해당하는 아이디어다. 제1종 영구기관은 열역학 제1법칙인 에너지 보존법칙에 관련된다.

수없이 쏟아지는 영구기관의 아이디어는 에너지 보존 법칙을 적용하면 금방 모순점을 찾아낼 수 있다. 이상적인 제1종 영구기관은 공급한 에너지보다 더 많은 에너지를 만들어내는 기계이고, 결국 열역학 제1법칙인 에너지 보존 법칙을 정면으로 위배한다. 전 세계의 모든 물리학자는 제1종 영구기관인 무한동력기관은 원칙적으로 불가능하다고 확신하고 있다. 에너지 보존법칙은 기나긴 물리학의 역사에서 수많은 실험과 이론을 통해서 정말로 튼튼한 토대를 가지고 있기 때문이다.

하늘을 나는 운동화를 만들 수 있을까

물리학자들은 이미 불가능한 것으로 결론지었지만, 무한동력이라는 환상을 좇는 사람들이 여전히 있다. 그들이 제시한 아이디어는 고대 그리스에서부터 지금 이 순간까지 인류 역사에 차고 넘친다. 오죽했으면 산업혁명 초기에 영구기관을 만들 수 있다는 특허 신청이 너무 많이 들어와 영국 정부에서는 '영국에서 제1종 영구기관을 만들었다는 제안에 대해서는 아예 특허 심사도 하지 않겠다'고 선언했을까?

여하튼 고대 그리스에서부터 지금까지 그 긴 시간 동안 쏟아져 나온 제안 중에 단 하나의 아이디어라도 실제로 구현된 영구기관은 없다. 그럼에도 영구기관을 만들겠다는 사람들의 의지는 상상을 초월하여 인터넷을 검색하면 온갖 아이디어가 다 있다.

유튜브 채널에도 '해외에서 난리 난 무한동력'이라며 수많은 동영상이 올라와 있다. 요즘에는 충전기와 배터리를 연속적으로 이어붙여 전기를 무한정 공급한다거나 거대한 구조물에 기계 장치를 넣어놓고 공짜로 에너지를 생산한다는 최첨단 영구기관이 등장하기도 한다. 그러나 이것은 겉으로 보기에는 그럴싸해도 따져보면 다 거짓말이다. 해보면 안다.

물론 당사자는 거짓말이라고 생각하지 않을 수도 있다. 나아가 자신의 아이디어를 검증받겠다며 물리학자를 찾아올지도 모른다. 그렇다고 해도 원하는 답을 듣기는 어려울 것이다.

물리학자의 입장에서 보면, 아무리 복잡하고 첨단기술로 무장한 장치라고 해도 그것은 '하늘을 나는 운동화를 만들었다'는 소리와 다를 바 없기 때문이다.

"세상에 운동화를 신었다고 하늘을 날 수는 없어요. 거기다 아무런 동력을 공급하지 않고 하늘을 나는 운동화를 만든다는 건 물리학에서는 열역학뿐 아니라 유체역학과 고전역학의 원리에도 위배되기 때문에 불가능해요."

물리학자의 이런 조언에도 영구기관 만들기에 심취한 사람은 완고하다. 그들은 '아니야, 내가 만들어 보여주겠어!'라며 신념에 가득 차 또다시 도전한다. 그들은 운동화만으로 하늘을 날 수는 없다는 걸 받아들이는 게 아니라 자신이 만든 운동화가 어딘가 미흡해서 그렇다고만 생각한다. 그러면서 계속 '아니야, 잘 만들면 돼.' 하고 온갖 종류의 시도를 반복한다.

혹시 우리 주위에 이런 고집쟁이가 있다면 최선을 다해 말려야 한다. 제1종 영구기관은 아무리 복잡한 메커니즘으로 설계하더라도 들어온 에너지보다 출력되는 에너지를 더 크게 할 수는 절대로 없으니,

안 되는 일에 인생을 허비하지 말라고 말이다!

한편 제1종 영구기관 말고 제2종 영구기관도 있다. 제2종 영구기관은 열을 아무런 손실 없이 일로 바꾸는 열기관이다. 그야말로 효율 100%의 엔진인 셈이다. 제2종 영구기관을 만들겠다고 나선 사람들은 그래도 솔직한 편이다. 그들은 어찌되었든 간에 에너지 보존 법칙을 따르겠다며, '열기관의 열효율을 극단적으로 크게 만들 수 있다'고 주장한다.

그러나 제2종 영구기관 역시 '열은 고온에서 저온으로만 자연적으로 이동할 수 있으며, 저온에서 고온으로 열을 이동시키기 위해서는 외부에서 에너지를 공급해줘야 한다'는 열역학 제2법칙에 따라 실제로는 실현이 불가능하다. 즉, 제2종 영구기관을 아무리 잘 만들어도 열역학 제2법칙의 한계를 넘지 못하는 것이다.

우리가 실제로 많이 접하는 주장은 주로 무한동력기관인 제1종 영구기관이다. 그래서 제2종 영구기관보다는 훨씬 더 직관적으로 '그건 잘못되었어'라고 이야기하기가 쉽다. 만약 누군가 제1종 영구기관을 만들겠다고 고집을 부리면 이렇게 설명해도 된다.

"자, 여기 당신 통장이 있습니다. 이 통장의 1월 1일 잔액은 100만 원이었고, 한 달 동안 들어온 돈도, 나간 돈도, 이자도 없었습니다. 그런데 1월 31일에 갑자기 통장 잔액이 두 배가 되었습니다. 이게 가능한 일일까요? 불가능합니다. 들어온 돈도 없고 나간 돈도 없는데 어떻게 갑자기 통장 잔액이 두 배가 되겠어요?"

세상은 물리다

무한동력이 가능한 세상이 온다면?

　제1종 영구기관 혹은 무한동력은 완벽히 불가능하다. 그럼에도 우리는 가끔 '무한동력이 나온다면 어떨까?' 하고 상상을 한다. 만약 무한동력이 가능한 세상이 온다면 실로 어마어마한 일들이 펼쳐질 것이다.

　무한동력기관에 100이라는 에너지를 넣었더니 그보다 큰 출력 에너지가 나온다고 상상해 보자. 에너지가 아주 클 필요도 없다. 0.001만큼, 아주 적은 에너지라도 늘릴 수 있으면 된다. 이제 조금 늘어난 에너지를 다시 무한동력기관에 넣어준다. 그러면 이번에 나온 출력 에너지 100.002가 될 것이고, 이를 다시 무한동력기관에 넣는다. 이렇게 계속해서 반복하면 100이라는 에너지를 이용해서 천, 만, 십만,

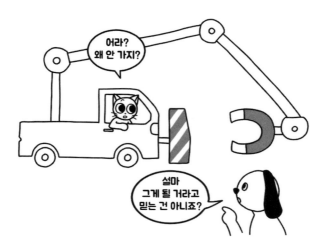

백만의 에너지를 얼마든지 만들어낼 수 있다.

　이렇듯 에너지 보존 법칙을 위배하여, 들어간 에너지보다 나오는 에너지를 아주 조금이라도 늘릴 수 있는 영구기관을 발명하는 순간, 인류의 에너지 문제는 순식간에 해결된다. 아니, 인류의 에너지뿐 아니라 우주의 에너지 문제까지 해결할 수 있다. 당연히 노벨상은 따 놓은 당상이다.

　상상으로 즐기는 것은 자유다. 하지만 현실에는 영구기관을 불가능하게 하는, 벗어날 수 없는 법칙이 있다. 엔트로피에 관련된 법칙들도 그중 하나다. 그러니 우연한 기회라도 영구기관이나 무한동력 기관과 관련하여 아무리 솔깃한 아이디어가 있다고 하더라도 현혹되지 않기를 바란다. 물리학자로서 단호히 말하건대, 모두 안 되는 아이디어다. 시도도 하지 마시라.

하루아침에 전기가
사라지면 벌어지는 일

전기는 누가 발견했을까?

불과 더불어 인류 문명의 큰 변화를 이끈 발견으로 전기를 들 수 있다. 그렇다면 현대 문명의 시작이자 끝으로 불리는 전기는 누가 가장 먼저 발견했을까? 여기에 대해서는 명확한 자료가 없다. 다만 고대 그리스의 철학자 탈레스Thales가 '호박을 문지르면 가벼운 다른 물체를 끌어당긴다'는 현상을 관찰한 기록이 남아 있다. 이 기록에 등장하는 호박은 우리가 먹는 채소 '호박'이 아니고, 고대의 송진이 땅속에 오래 있으면서 화석처럼 딱딱하게 굳은 물질이다. 호박은 일반적인 광물은 아니지만 보통 진주, 산호와 함께 보석으로 취급되는데, 문지르면 정말로 먼지나 머리카락 같은 작은 것들이 달라붙는다. 탈

레스가 호박을 문질러 마찰 전기를 일으켰다는 기록을 보면 알 수 있 듯이, 인류는 꽤 오래전부터 전기력$^{electric\ force}$의 존재를 알고 있었다. 우리는 일렉트릭 기타나 일렉트릭 앰프처럼 전기를 이용하는 도구 나 장비에 '일렉트릭^{electric}'이라는 형용사를 쓴다. 또 전자를 '일렉트론 ^{electron}', 전기는 '일렉트리시티^{electricity}'라고 하는데, 이런 단어들은 하나 같이 모두 호박을 뜻하는 그리스어 '엘렉트론^{ήλεκτρον}'에서 유래했다.

한편 영어로 자석을 '마그넷^{magnet}'이라고 한다. 고대 그리스의 '마그 네시아^{Magnesia}' 지역은 자기력$^{magnetic\ force}$을 만들어내는 자철광 산지로 알려져 있었는데, 바로 이 지명에서 라틴어를 거쳐 중세 영어에 '자 기'를 뜻하는 단어로 정착하게 된다. 전기와 자기를 뜻하는 단어가 모두 고대 그리스에서 유래한 것을 보면, 서양인들은 아주 오래전부 터 전기와 자기 현상의 존재를 분명 알고 있었을 것이다.

그렇다면 동양에서도 전기와 자기 현상을 오래전부터 알고 있었을 까? 우리가 속해 있는 한자 문화권에 오래전부터 내려오는 표현으로 '침개지교^{針芥之交}'라는 말이 있다. 침^{針}은 바늘, 개^{芥}는 작은 겨자씨를 가 리키는 한자로, 침개지교는 '바늘이 자석에 이끌리고, 작은 겨자씨가 호박에 이끌리듯 서로 마음을 나누는 친구'라고 풀이할 수 있다. 바 늘이 자석에 끌리는 것은 자기 현상이고 겨자씨가 호박에 끌리는 것 은 전기 현상이라는 것을 떠올리면, 동양의 우리 선조들도 오래전부 터 자기력과 전기력을 관찰해왔음을 알 수 있다.

그러나 전기력이 도대체 어떤 방식으로 얼마나 강하게 작용하는지

세상은 물리다

정밀하게 측정해서 법칙으로 정립한 것은 18세기 프랑스 물리학자 샤를 드 쿨롱Charles-Augustin de Coulomb에 의해서다. 물질 안에는 전자나 양성자 같이 전기 현상을 일으키는 성질을 가진 것들이 있다. 이들 입자가 가진 고유의 근원적인 특성을 '전하electric charge'라고 한다. 전하를 가진 물질이 전기 현상을 만들어낸다. 전하에는 양과 음의 두 부호가 있는데, 쿨롱은 '두 전하 사이에 작용하는 힘은 둘 사이 거리의 제곱에 반비례하고, 두 전하가 지닌 전하량을 곱한 것에 비례한다'는 법칙을 발견한다. '쿨롱의 법칙Coulomb's law'으로 불리는 이 힘은 아이작 뉴턴Isaac Newton이 발견한 보편중력의 법칙과 수학적인 형태가 똑같다.

두 법칙 모두, 힘의 크기는 물체 사이 거리의 제곱에 반비례하며 각 물체가 가진 성질(질량, 전하량)의 곱에 비례한다. 수학적인 형태는 비슷해도 중력과 전기력에는 중요한 차이가 있다. 질량은 음(-)의 값을 가질 수 없어서 어떤 두 물체 사이에도 중력은 항상 둘을 서로 잡아끄는 방향으로만 작용한다. 그런데 전기력의 근원인 전하량은 양과 음의 두 부호가 가능해서 두 전하의 전하량의 부호가 같을 때는 서로 밀어내는 방향으로, 부호가 반대일 때는 서로 잡아당기는 방향으로 전기력이 작용한다.

전기력이나 중력처럼, 두 물체 사이에 작용하는 힘이 거리의 제곱에 반비례한다는 것은 물리학자들이 매우 흥미롭게 여기는 부분이다. 많은 물리학자가 우리가 살고 있는 공간이 3차원이기 때문에 두 물체 사이에 작용하는 힘이 거리의 제곱에 반비례한다고 생각한다.

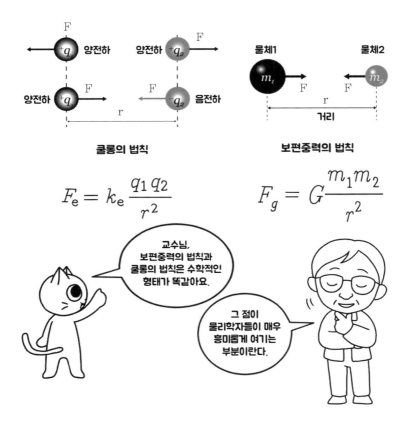

쿨롱의 법칙

$$F_e = k_e \frac{q_1 q_2}{r^2}$$

보편중력의 법칙

$$F_g = G \frac{m_1 m_2}{r^2}$$

교수님, 보편중력의 법칙과 쿨롱의 법칙은 수학적인 형태가 똑같아요.

그 점이 물리학자들이 매우 흥미롭게 여기는 부분이란다.

만약 우리가 사는 공간이 4차원이 된다면 힘이 거리의 제곱에 반비례하는 게 아니라 거리의 세제곱에 반비례하게 되고, 2차원이라면 거리에 반비례할 것으로 믿는다. D 차원 공간의 한 점이 힘의 장force field의 근원이라면 이 점에서 거리가 r인 구의 표면적은 r^{D-1}에 비례하는데, 구 표면의 한 점에서의 장의 크기에 구의 표면적을 곱한 값이 일정해야 한다는 조건을 적용하면 장의 크기가 r^{D-1}에 반비례한다는 결

세상은 물리다

론을 얻게 되기 때문이다. 그러니 여러분이 우연이라도 외계인과 통신을 하게 된다면 먼저 외계인이 사는 곳에서 전기력이 거리의 제곱에 반비례하는지 물어보면 좋겠다.

이 질문에 '우리가 사는 곳에서는 전기력이 거리의 제곱이 아니라 거리의 세제곱에 반비례한다'고 대답한다면 여러분은 가 보지 않아도 '아, 외계인이 사는 곳은 3차원이 아니라 4차원 공간이구나' 하고 알 수 있으니 말이다(사실 거시적인 우주의 공간 차원은 3차원이라는 것이 잘 알려져 있어 이런 외계인을 만날 리는 없다). 우리가 살아가는 공간의 차원이 상호작용의 수학적 형태를 결정한다는 것이 정말 경이롭지 않은가? 물리학자들이 자주 '물리학이 정말 아름답다'고 느낄 때가 바로 이런 경우다.

전기는 어떻게 생겨날까?

우주에 존재하는 전체 전하의 양은 일정하게 유지된다는 것이 전하량 보존법칙이다. 하지만 우리는 전기를 만들어서 사용한다고 말한다. 그렇다면 전기를 만들어낸다는 것은 도대체 무슨 뜻일까?

우리가 전기를 만든다는 것은 발전소에서 전압의 차이(전위차)를 만들어내는 것에 해당한다. 전하는 전위차에 의해서 이동하는데, 이는 전하가 항상 전기력에 의한 '퍼텐셜 에너지potential energy'가 높은 쪽에서 낮은 쪽으로 움직이기 때문이다. 전위차가 있는 두 지점에 전하가 이동할 수 있는 길인 도선을 연결하면 전하는 전압이 높은 쪽에서 낮은 쪽으로 이동한다. 이렇게 전하가 움직이는 상황을 '전류가 흐른다'라고 한다. 발전소에서는 전위차를 만들어내고, 전위차가 있는 두 지점을 저항이 있는 도선으로 연결하면 도선에 전류가 흐르게 된다. 우리가 가정에서 가전제품을 콘센트에 연결할 때 늘 일어나는 일이다. 가전제품에 전류가 흐르면서 불을 밝히고 선풍기를 돌리는 등의 유용한 일을 하게 된다.

도선에 전류가 흐르면 도선 주위에는 자기장magnetic field이 만들어진다. 반대로 자기장을 변화시키면 이번에는 도선에 전류를 만들어낼 수도 있다. 이 사실을 이용해서, 발전소에서 어떤 일이 진행되는지 알아보자.

대부분의 발전소에서 전기를 만드는 방법은 자석을 이용하는 것이

세상은 물리다

다. 발전소의 발전기에는 아주 커다란 자석이 있다. 그리고 그 안에는 전선을 여러 번 감은 코일을 두는데, 전기는 이 코일을 회전시키면 만들어진다. 너무 간단해서 '이게 뭐야?'라고 허탈할 수도 있지만, 앞에서 소개한 '자기장이 변하면 전류가 만들어진다'는 중요한 물리학 법칙이 만들어내는 놀라운 현상이다. 코일을 회전시키면, 코일의 면을 통과하는 자기장이 변하면서(코일이 감고 있는 면에 수직 방향의 자기장과 코일의 면적을 곱한 양인 자기선속 magnetic flux이 변하면서) 코일에 감겨 있는 도선을 통해서 전류가 흐르게 되는 것이다. 이것이 발전소에서 전기를 만드는 기본 원리다.

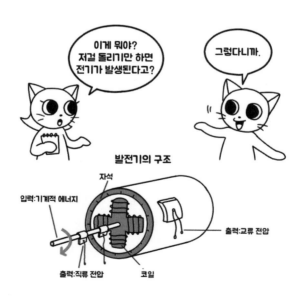

발전기의 구조

화력발전소, 수력발전소, 원자력발전소, 풍력발전소, 태양광발전소 등 발전소에는 여러 종류가 있다. 여기서 태양광발전소만 **빼면** 모든 발전소가 똑같이 자석 안에 들어 있는 코일을 회전시키는 방식으로 전기를 만든다. 풍력발전은 그냥 바람개비에 곧바로 코일을 붙여서 직접 회전시키는 것으로 보면 되고, 수력발전은 물이 높은 곳에서 낮은 곳으로 흐르는 것을 이용해 날개가 있는 프로펠러로 코일을 돌려 전기를 만든다. 원자력발전소와 화력발전소에서는 증기기관과 같은 원리로 발전기를 돌린다. 원자핵이나 화석연료에서 나오는 열로 물을 끓이면 액체 상태인 물이 기체인 수증기로 바뀌며 높은 압력을 갖는다. 원자력발전과 화력발전은 이 압력으로 커다란 자석 안에 있는 코일을 회전시키는 역학적 에너지를 얻고, 이를 전기 에너지로 변환시킨다.

여러 발전소 중에서 태양광발전소는 조금 다른 방법으로 전기를 만든다. 태양광발전은 태양빛이 가지고 있는 에너지를 반도체 소자를 이용해 전자를 더 높은 에너지 상태로 이동시켜 직접 전류를 흐르게 한다. 그래서 태양광발전에는 자석이나 코일을 회전시키는 역학적인 운동이 필요 없다. 하지만 외부에서 어떤 에너지를 공급받아 그걸 전기 에너지의 형태로 바꾸는 과정을 거쳐 전기를 생산한다는 점은 태양광발전소도 다른 발전소나 마찬가지다. 따라서 어떤 발전소든 간에 전기를 만든다는 것은 전압의 차이를 만드는 것이고, 전기를 만들 때는 외부에서 다른 형태의 에너지를 공급받아야 한다.

전기는 어떻게 우리 집에 들어올까?

발전소에서 전압의 차이를 만든 다음에 해야 할 것은 이제 공장이나 가정처럼 전기를 필요로 하는 곳으로 보내는 일이다. 이 과정은 발전소에서 우리 집까지 여러 단계로 연결된 전력망을 이용한다.

전력망을 통해 공급되는 가정용 전압은 우리나라의 경우 220V인데, 과거 내가 어렸을 때는 220V가 아니었다. 그때는 우리나라도 현재 미국처럼 110V를 가정용 전압으로 공급했다. 우리나라가 110V를 썼던 이유는 일제강점기와 미군정 시기를 거치며 전국에 미국식 인프라가 깔렸기 때문이다. 그러다 1973년부터 더 높은 전압인 220V로 바꾸기 시작하여 32년 후인 2005년에 승압 작업을 완료해 우리나라의 가정용 전압은 100% 비율로 220V를 사용하게 되었다.

이렇게 전압을 높이면 좋은 점이 있다. 먼저 에너지 손실을 줄일 수 있다. 전기는 송전하는 과정에서 전력 수송 케이블을 통과하게 되는데, 전기 저항이 있는 전력 수송 케이블에 전류가 흐르면 에너지 손실이 일어난다. 그런데 전압을 두 배로 하면 같은 전력 수송 케이블임에도 손실되는 에너지는 4분의 1로 줄어든다. 에너지 손실 측면에서는 송전의 전 과정에서 높은 전압을 이용하는 것이 훨씬 유리한 것이다.

또 전압을 높이면 송전 시설의 건설 비용을 줄일 수 있다. 발전소에서 만든 전기는 송전선로를 통해 가정으로 보내진다. 이때 송전 시설의 대부분을 차지하는 케이블은 전류값에 따라 굵기가 정해지는데, 같은 전력을 공급할 때 전압이 두 배 높으면 전류는 절반으로 낮아진다. 즉, 전압을 높이면 전류가 작아져 케이블 굵기를 줄일 수 있으므로 송전 시설을 좀 더 저렴하게 구축할 수 있다.

전압을 너무 높이면 생기는 문제도 있다. 바로 감전이다. 110V에 감전되면 '으앗, 그래도 버틸 만하네' 했는데, 220V에 감전되면 '으악, 이건 정말 사람 죽겠는걸'이라고 할 만큼 차이를 느낀다고 한다. 실제로 220V를 사용하는 우리나라는 110V를 쓰는 나라에 비해 감전 위험이 더 크다. 전압이 높으면 사람의 몸을 통과하는 전류가 크기 때문이다.

가정에서 전원이 연결된 상태에서 전기기구를 수리할 때에는 감전되지 않도록 조심해야 한다. 방 안 벽의 전원 스위치는 전원 공급을 완전히 끊지 않는다. 안전을 위해서라면 집 전체 전원을 차단하는 스

세상은 물리다

위치를 내리고 전기기구를 수리하거나 전문가를 부르는 것이 좋다. 220V는 이런 감전 위험에도 전기를 경제적이고 안정적으로 공급하기에 더 유리하다는 점에서 우리나라를 비롯한 많은 나라가 가정용 전압으로 사용하고 있다.

앞에서 이야기했듯이, 발전소에서는 영구자석 안에서 코일을 회전시키는 방법으로 전기를 만든다. 그런데 코일이 회전하면서 만들어지는 전압은 일정하게 유지되는 게 아니라 시간의 흐름에 따라 위아래로 변한다. 이것을 '교류alternating current, AC'라고 하고, 전압이 1초에 몇 번 변하는지를 나타내는 단위로 Hz(헤르츠, 주파수)를 쓴다. 그러니까 1초에 60번 변하면 60Hz, 100번 변하면 100Hz라고 한다. 우리나라는 전압이 220V이고 주파수가 60Hz인 교류 전원이 각 가정에 공급된다. 유럽의 전압은 220V로 우리나라와 같지만 주파수는 50Hz인 전원을 쓴다.

가정용 전력 공급에서 재미있는 나라는 일본이다. 일본은 우리나라와 가까운 서쪽 지역에서는 우리와 똑같은 60Hz 전원을 이용하고, 홋카이도 같은 동쪽 지역에서는 50Hz 전원을 쓴다. 일본에서는 동서 지역의 전력망이 각각 독립적으로 구축되고 나서 동쪽과 서쪽의 전력망이 연결되었다. 바로 이런 역사적인 이유로 여전히 50Hz와 60Hz 전력망이 따로 존재한다. 예를 들어 서쪽 지역에서 만든 전력이 남아 동쪽 지역으로 보내려면 중간 지역에 교류 전원의 주파수를 맞추는 장치를 두는 비효율적인 방법을 지금도 쓰고 있다.

한국이 돼지코 콘센트를 쓰는 이유

해외여행을 자주 하는 사람이라면 가끔 휴대폰을 충전하려다가 콘센트concentric plug가 맞지 않아 낭패를 본 경험이 있을 것이다. '아차, 일본은 돼지코가 아니지!' 하고 뒤늦게 어댑터adapter를 챙겨오지 않은 걸 후회하면서 '왜 나라마다 콘센트 모양이 다를까?' 하는 의문이 생기기도 했을 테니 간략하게 콘센트 이야기를 해보자.

가정에 전기가 본격적으로 보급된 것은 19세기 말이다. 전기는 처음에 어둠을 밝히는 조명기구에 주로 쓰였다. 그러다 20세기에 들어서면서 각종 전기제품에 쓰였다. 이때 제조업자들은 플러그와 콘센트도 저마다 다른 모양으로 개발했다. 해외여행을 하는 사람들이 많지 않았고, 지금처럼 휴대용 전기제품도 흔하지 않아서, 자기 나라에서만 규격이 통일되면 사람들은 그리 큰 불편을 겪지 않았다. 대부분의 전기제품은 크고 무거워서 다른 나라로 여행할 때 휴대하기가 무척 어려웠기 때문이다. 그런데 상황은 얼마 지나지 않아 달라졌다. 철도가 놓이고, 항로가 개척되며 나라 간 교류가 이웃 마을 가는 것처럼 빈번해졌다. 여기에 눈을 감았다 뜨면 새롭고 가벼운 가전기기가 쏟아졌고 수요도 폭발하면서 콘센트와 플러그 모양이 달라 불편을 겪는 일이 많아졌다.

1906년 미국과 유럽 등 전 세계 전기 전문가들은 이러한 문제를 해결하고자 영국 런던에서 'IEC(국제전기기술위원회)International Electrotechnical

Commission'를 창설해 전기 규격을 통일하고자 했다. 그런데 콘센트와 플러그 입장에서는 운명의 장난인지 제1차, 제2차 세계대전이 연이어 일어나 규격 통일 논의가 중단되었다. 긴 시간이 흘러 1945년에 전쟁은 끝났으나 그때는 이미 나라마다 독자적인 전기 시스템이 갖추어졌고 엄청난 수의 다른 모양 콘센트들이 각 가정을 점령하고 있었다. 그래도 1970년대에 IEC는 전 세계 전기 규격을 통일하기 위해 범용 플러그에 대한 국제 표준을 발표했다. 범용 플러그의 의도는 좋았으나 현실적으로 실행에 옮기기에는 각국의 이해관계가 너무나 달랐다. 현재는 브라질과 남아프리카만이 범용 플러그를 채택해 사용하고 있다.

한편 IEC에서는 범용 플러그로 전 세계 규격을 통일하는 것이 어렵다는 것을 인식하고, 주요 국가들의 콘센트를 A부터 N타입까지 총 14개 타입으로 구분한 정보를 제공하고 있다. 우리나라는 110V에서 220V로 승압 사업을 진행하면서 과거 A형에서 C형으로 규격을 바꿔 사용하고 있다. 우리가 흔히 '돼지코 콘센트'라고 부르는 C형은 A형에 비해 감전 위험이 적고, 안전성도 뛰어나다고 한다. 참고로 우리말 콘센트의 정확한 영어 표현은 'outlet(electrical outlet)', 또는 'socket(wall)'이다. 콘센트라는 용어는 일본 사람들이 'concentronic plug'를 줄여서 '콘센토'라고 부른 데에서 유래했다고 한다. 그러니까 콘센트는 일부 국가에서만 사용하는 독특한 용어인 셈이다.

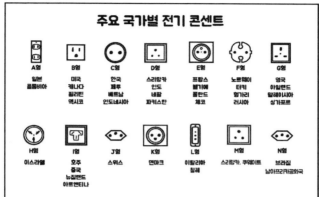

주요 국가별 전기 콘센트

A형	B형	C형	D형	E형	F형	G형
일본 콜롬비아	미국 캐나다 필리핀 멕시코	한국 페루 베트남 인도네시아	스리랑카 인도 네팔 파키스탄	프랑스 벨기에 폴란드 체코	노르웨이 터키 헝가리 러시아	영국 아일랜드 말레이시아 싱가포르
H형	I형	J형	K형	L형	M형	N형
이스라엘	호주 중국 뉴질랜드 아르헨티나	스위스	덴마크	이탈리아 칠레	스리랑카, 쿠웨이트	브라질 남아프리카공화국

거기서, 이 플러그가 맞는 건 네 코밖에 없어!

플러그 전기 제품의 코드와 연결되어 콘센트에 꽂는 부분

콘센트 전기 제품을 사용할 때 플러그를 꽂는 구멍

코드 플러그와 전기 제품을 연결하는 절연처리가 된 전선 전체

세상은 물리다

세상에서 갑자기 전기가 사라진다면?

요즘 도시에서 생활하는 사람의 일상을 보면 전기가 얼마나 편리한지 쉽게 알 수 있다. 아침에 일어나자마자 오디오를 켜 음악을 듣고, 커피 한잔을 즐기려고 전기 포트 스위치를 올린다. 충전이 완료된 휴대폰을 챙겨 집을 나와 전기로 움직이는 전철에 몸을 싣고 출근한다. 허겁지겁 엘리베이터를 타고 회사에 도착하면 컴퓨터를 켜고 업무를 시작한다. 저녁이 되면 도시에는 수많은 종류의 조명이 켜지고 우리는 낮과는 다른 모습으로 단장한 거리를 지나 다시 집으로 돌아온다.

대부분의 시간을 전기와 함께하는 우리의 일상. 과연 우리는 전기 없는 세상에서 살 수 있을까? 만약 집에서 물을 끓이려는데 전기가 없다면 어떨까? 당장 급한 대로 밖에 나가 물을 끓일 수 있는 연료를 구해와야 한다. 옛날이라면 그리 이상할 게 없다. 그렇지만 집집마다 전기가 들어오는 요즘 물을 끓이려고 나무를 하러 산으로 가거나 연탄을 배달시켜야 한다는 건 상상도 하기 힘든 일이다.

우리는 전기 덕분에 플러그만 연결하면 집에서 편리하게 물을 끓이고 요리할 수 있으며 냉난방도 해결할 수 있다. 이처럼 전기의 가장 큰 장점은 발전소에서 만들어진 에너지를 여러 가정에 낮은 비용과 높은 효율로 직접 전달할 수 있다는 것이다. 그래서 나는 아무리 인류의 미래가 바뀐다고 해도 사람들이 쓰는 전기 에너지 비율은 늘어나면 늘어나지, 더 줄지는 않을 것으로 예상한다.

그렇다면 급박한 사태로 전기가 사라진다면 우리는 얼마나 버틸 수 있을까? 실험하기 어렵지만 우리가 전기 없이 얼마나 버틸 수 있는지는 과거에 일어났던 사건으로 추측해 볼 수 있다. 우리나라에서는 거의 일어나지 않지만 미국에서는 대규모의 정전 사태가 간혹 발생한다. 일정 지역에 전기 에너지 공급이 완벽히 차단되어 그곳에 사는 사람들이 큰 불편을 겪었던 안타까운 사례도 많다.

실제로 미국 역사에서 최악의 정전 사태로 불리는 '2003년 미국 동북부 블랙아웃'이 발생했던 때를 살펴보자. 화려한 야경을 자랑하던 타임스스퀘어에, 불빛이 없는 오래전 과거로 돌아간 뉴욕의 모습을 전하려는 기자들이 모여들었다. 전기 없는 세상의 불편함을 견디지 못하고 맨해튼 섬을 걸어서 빠져나가는 사람들의 긴 행렬을 전 세계에 보도했다.

당시 미국과 캐나다의 해당 지역에는 3일 동안 전기가 공급되지 않았다. 이 기간 동안 약 5,500만 명의 사람들은 암흑 속에서 밤을 보내야 했으며, 일부 지역에서는 상수도 작동이 중단되어 식수 부족 사태를 겪어야 했다. 또한 전철 같은 대중교통이 중단되면서 택시 기사들은 열 배 넘는 바가지 요금을 요구했고, 휘발유 가격은 갑자기 24% 이상 올랐다고 한다. 그 밖에도 항공기 운항이 중단되었고, 도시의 상업 활동은 대부분 멈추었으며 휴대폰도 작동되지 않았다. 미국은 이 기간 동안 지금 환율로는 8조 원이 넘는 약 60억 달러

세상은 물리다

의 피해가 발생했고, 캐나다 역시 해당 월의 국내총생산이 0.7% 감소했다고 한다.

이런 일이 우리에게 생긴다면 아마도 일주일 정도는 큰 불편함을 감수하며 어떻게든 버틸 수는 있을 것 같다. 그러나 한 달 정도 전기에너지 공급이 멈춘다면 우리나라뿐만이 아니라 어떤 나라의 도시라도 버티기 힘들 것은 분명하다.

전 세계 초유의 정전 사고

우리의 삶을 원시시대로 되돌리는 대규모 정전은 보통 전쟁이나 천재지변 상황에서 일어날 것으로 생각하지만 의외로 사소한 이유에서 시작되는 경우도 많다. 특히 실제로 일어난 대규모 정전 사태에는 전력 연결망이 문제가 되는 일이 잦다. 내가 속한 통계물리학 분야에는 '복잡한 연결망complex network'을 연구하는 학자가 많다. 연결망의 문제가 왜 대규모 정전 사태를 불러오는지 사고실험의 방식으로 예를 들어 설명해 보자.

한 나라의 전력망에 사소한 문제가 생긴다. 정전의 초기 요인은 한여름에 높아진 기온으로 송전 케이블이 늘어났다는 사소한 문제다. 늘어진 케이블 하나가 가로수를 건드려 누전이 발생하고, 그로 인해 해당 케이블이 끊어진다. 그러자 방금 끊어진 케이블이 전달했던 전력을 끊어지지 않은 다른 케이블이 대신 전달하게 된다. 전보다 더 큰 전력을 전달하게 된 다른 케이블이 부하를 견디지 못하고 끊어지면서 문제는 커진다. 초과된 송전 전력량을 이기지 못한 두 번째 케이블이 끊어지면 이제 첫 번째와 두 번째 끊어진 케이블의 부하가 다른 케이블에 전달되어 이 케이블이 더 큰 부담을 떠안게 되고, 같은 이유로 세 번째, 네 번째 케이블이 끊어지는 악순환이 일어나는 것이다. 결국 이 과정이 연쇄적으로 일어나면 대규모 정전 사태가 생길 수 있다.

실제로도 대규모 정전 사태가 사소한 문제로 발생한 예가 있다. 바로 미국 동북부 블랙아웃 역시 연결망 문제였다. 이 사건은 미국 오하이오주 인근에서 발전기와 송전 케이블의 고장으로 정전이 발생하면서 시작되었다. 정전으로 오하이오주의 발전소에 전력 공급이 끊기자 주변 발전소로 갑작스럽게 전기 수요가 몰렸고, 이를 감당하지 못한 다른 발전소들이 연쇄적으로 가동을 멈추어 대규모 정전 사태로 이어졌다.

결국 사고 지역의 전력망을 빨리 차단하지 못해 사태를 키운 것이다. 미 동북부 블랙아웃 당시 우리나라 최대 전력 수요의 무려 1.3배에 달하는 규모의 전력이 공급되지 못하면서 뉴욕주와 뉴저지주 등 미국 동북부 8개 주와 캐나다 일부 지역은 전기가 없는 공황 사태를 겪어야 했다. 이처럼 대규모 정전 사태는 연결망의 구조적인 문제로 발생할 수 있다.

세상은 물리다

과거와 절대 비교할 수 없는 전기 사용량

전기 사용량은 과거와는 비교할 수 없을 만큼 증가했다. 이런 추세가 지속된다면 전기 사용은 앞으로 더욱 가속화될 것이 분명하다. 전력 사용이 늘어나는 가운데 우리가 당면한 극복 과제는 '어떻게 전기 생산을 친환경적인 수단으로 바꿔나가야 할까?'와 '우리가 이용하는 친환경 발전 수단의 효율을 어떻게 높일 것인가?'다.

친환경 발전으로 가장 많이 채택되는 태양광발전을 생각해 보자. 태양광발전은 여름 한낮에 햇빛이 쨍쨍 내리쬘 때는 전력 생산량이 많고, 해가 져서 밤이 되면 전력 생산이 0이 된다. 시간에 따라 생산 규모가 클 때는 아주 크고 적을 때는 아주 적어 일정하면서 안정적인 전력 생산량 확보가 매우 어렵다. 이런 문제를 '친환경 전력 생산의 간헐성 문제'라고 한다. 이 문제를 해결하려면 궁극적으로는 한번 만들어낸 전기 에너지를 어딘가에 저장하는 수단이 있어야 한다. 그런데 전기 에너지는 저장이 매우 힘들다. 발전소에서 전기를 생산하면 어디론가 흘려보내야 하고, 사용하지 않은 전력은 결국 소멸되어 버린다. 대용량의 전기 자체를 어딘가에 저장해 놓는 것이 아직까지는 너무나도 어렵기 때문이다.

요즘에는 이를 해결하기 위해 여러 가지 방법이 이용되고 있는데, 그중 하나가 우리나라에도 있는 '양수발전소'다. 양수발전소는 전기가 남는 시간에 높은 곳으로 물을 퍼올렸다가 나중에 전기가 필요하면 수력발전으로 전기를 만들어낸다. 중력에 의한 위치 에너지의 형태로 남아도는 전기 에너지를 저장하는 것이다. 양수발전소 외에도, 전기자동차의 전기배터리처럼 남은 전력을 저장하는 방법, 물을 전기분해해서 나오는 수소를 액화해 저장하는 방법 등 다양한 전력 저장 방식에 대한 연구개발이 진행되고 있다.

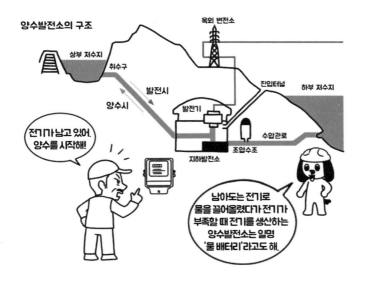

장기적으로 인류는 탄소 배출을 줄이기 위해 대부분의 전기 에너지 생산을 친환경적인 방식으로 전환해야만 한다. 그때까지 얼마나 긴 시간이 걸릴지, 또 그 과정에서 우리가 겪게 될 고통은 얼마나 클지 예측하기는 어렵다. 다만 과학자의 한 사람으로서 우리의 연구와 노력으로 이 과정을 수월하게 이겨내기를 기대한다.

세상은 물리다

스마트폰에는 전자파가 얼마나 있을까?

전자레인지는 어떻게 음식을 데울까?

아무리 일찍 일어나도 항상 시간에 쫓기는 아침. 그나마 전자레인지가 있어 밥이라도 챙겨 먹는 사람들이 많다. 뚝딱하면 반찬을 데우고, 또 뚝딱하면 꽁꽁 언 냉동식품까지 몇 분 만에 해동시키는 전자레인지는 가정에서 편의점까지 패스트푸드가 있는 곳이면 거의 모든 곳에 놓여 있다. 가스레인지처럼 불을 피우는 것도 아니고, 인덕션처럼 전자기 유도로 냄비를 뜨겁게 하는 것도 아닌데, 전자레인지는 어떻게 작동하는 것일까? 전자레인지로 어떤 물질이라도 온도를 높일 수 있을까? 성격 급한 사람은 조금만 참으시라. 전자기파가 어떤 것인지 먼저 알아야 한다.

전자기파는 '전기', '자기', '파동'의 서로 다른 세 개념이 모여 한 덩이가 된 단어다. 앞에서 다룬 전기와 자기를 합해서 '전자기'라고 부르니, 전자기파의 개념을 이해하기 위해 '파동'만 추가 설명이 필요해 보인다. 파동은 호수에 돌을 던지면 물결이 주위로 퍼져나가는 것처럼 한 지점의 무언가(매질)의 진동이 에너지를 가지고 주위로 전달되는 현상이다. 물결파(수면파)는 물, 음파는 공기, 지진파는 땅이 매질인데, 각각의 매질이 진동하며 일정한 속도로 매질의 변화가 전달된다.

우리가 익숙한, 진동하는 매질이 명확히 주어진 이런 파동을 역학적 파동mechanical wave이라고 부른다. 전자기파도 파동이지만 다른 역학적 파동과 명확히 다른 점이 있다. 전자기파는 매질이 필요 없다. 우주 공간 같은 진공에서는 매질이 없어서 음파가 전달될 수 없어 아무런 소리를 듣지 못하지만, 전자기파는 아무 문제 없이 진공을 통과한다. 태양에서 방출된 전자기파가 진공인 우주 공간을 통과해 지구에 전달되어 많은 생명이 그 에너지를 이용하는 것에서 알 수 있듯이 말이다. 전자기파를 이루는 전기장의 진동이 자기장을 만들어내고, 이렇게 만들어진 자기장의 진동이 또다시 전기장을 만들어내면서, 둘이 서로 상대를 유도하는 과정을 이어가면서 전자기파가 진행하게 된다.

전자기파의 진공 중 진행 속도는 모두 같다. 바로 빛의 속도다. 우리 눈에 일곱 색깔 무지개가 보이듯 전자기파는 파장wavelength이 다양하다. 전자기파의 파동이 위아래로 오르락내리락 진동하며 나아간다면, 한 번 진동할 때 가장 높은 곳인 마루에서 다음 마루까지의 거리를 파장이라고 한다. 이 파장은 전자기파의 진행 속도와 진동수에 따라 결정되며, 모든 전자기파의 진공 중 속도는 같아서 결국 파장이 달라지면 진동수도 달라진다.

전자레인지 안에서는 진동수가 2~3㎓(가정용 전자레인지에서는 2.45 ㎓)정도의 전자기파가 발생한다. 왜 전자기파의 진동수를 그 정도로 했을까? 이유가 있다. 우리가 전자레인지 안에 넣어 데우려는 대부분의 음식에는 액체 상태의 물이 들어 있다. 액체 상태의 물에는 비교적 자유롭게 움찔움찔 움직일 수 있는 많은 물 분자가 들어 있다.

물 분자는 여러 모드로 운동할 수 있다. 이리저리 막 돌아다니는 병진운동 모드, 분자의 중심 위치는 변하지 않으면서 마구 떨어 진동하는 모드, 그리고 물 분자가 제자리에서 회전하는 모드도 가능하다.

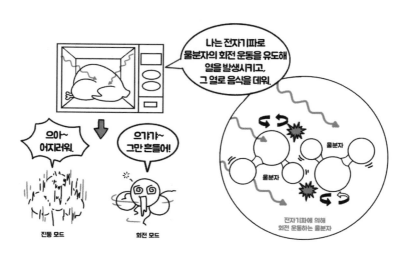

전자기파의 진동수에 따라서 물 분자의 모드 중 특정한 모드가 선택되도록 할 수 있는데, 전자레인지는 2~3㎓의 전자기파를 내보내 물 분자의 회전 운동 모드를 유도한다. 그러니까 음식 안에 들어 있는 물 분자들이 전자기파에 의해 회전하면서 마찰에 의해 열이 발생하고, 그 열을 이용해 음식을 뜨겁게 데우는 것이 전자레인지의 원리인 셈이다.

전자레인지는 전자기파로 물 분자를 회전시켜 열을 발생시키니 물기가 없는 음식은 데우기 어렵다. 바짝 마른 북어포같이 수분이 거의 없는 식재료를 넣고 직접 돌려보면 안다. 정말로 바싹 마른 북어포라면 별로 뜨거워지지 않는다. 한마디로 전자레인지는 수분이 있어야만 음식을 뜨겁게 데울 수 있다.

전자레인지의 전자기파는 진짜 몸에 안 좋을까?

보통 전자파라고 하면 왠지 몸에 안 좋은 것으로 여긴다. 그런데 '전파'라고 하면 몸에 해롭다는 느낌이 별로 안 든다. 전기장과 자기장이 서로 상대를 유도하면서 공간에서 전달되는 파동을 물리학의 공식 용어로는 전자기파라고 한다. 물리학자는 대부분 '전자기파'라고 부르지만 많은 사람들은 전자파와 전파를 혼용해 쓴다. 다르게 부르지만 사실 전자기파, 전자파, 전파는 사실 다 똑같다.

라디오 방송에 사용하는 전파는 영어로 '라디오파 radiowave'라 하여

세상은 물리다

전자기파 중 특정 영역의 파장을 가진 전자기파를 가리킨다. 빛 또한 전자기파다. '가시광선visible light'이라고도 부르는 빛은 우리 인간이 눈으로 직접 볼 수 있는 특정 파장 영역을 가진 전자기파다.

그런데 라디오를 듣거나 빛을 쬐면서 해롭다고 생각하는 사람은 극히 드물지만, 전자파라고 하면 대부분의 사람이 무서워하며 기피한다. 전파, 전자파, 전자기파의 본질은 같지만 어떤 용어를 쓰느냐에 따라 어떤 것은 안전하고, 어떤 것은 해롭게 여기는 착각이 발생하는 것 같다.

전자레인지는 분명히 전자기파를 이용하는 전자기기다. 그래서 건강에 민감한 사람 중 일부는 전자레인지에서 전자파가 나온다며 스위치를 넣고 타이머에서 '땡' 소리가 날 때까지 멀찌감치 떨어져 있고는 한다.

그러나 전자레인지가 만드는 2.4㎓ 정도의 전자기파는 전자레인지 안에서 외부로 나오지 못하도록 거의 차단된다. 가정에서 사용하는 전자레인지를 보면 사방은 금속으로 막혀 있고, 음식을 넣고 빼는 문에 난 투명 유리 창문에는 가는 철망이 있다. 이 철망은 전자기파가 도체를 잘 통과하지 못하는 특성을 이용해 전자레인지 안 전자기파가 바깥으로 유출되는 것을 막아준다. 그러므로 전자레인지를 돌릴 때마다 전자파가 무섭다고 걱정할 필요는 없다.

파장에 따른 전자기파의 구분(파장의 단위는 미터 m).

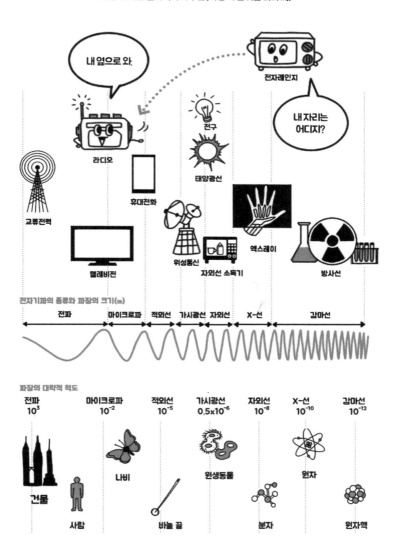

세상은 물리다

포도를 전자레인지에 돌리면 벌어지는 일

　전자레인지에 포도알을 넣고 돌리자 스파크가 일어나는 장면을 담은 동영상이 화제가 된 적이 있다. 나도 그 영상을 보고 신기하게 생각한 기억이 있는데, 이 현상이 화제가 되자 처음에는 전문가들이 '포도알을 구성하는 특별한 물질이 스파크를 일으키는 게 아닐까?' 추측했다. 그러나 여러 실험 결과, 이 현상이 나타나는 이유는 일종의 전자기파 공명resonance 현상임이 밝혀졌다.

　실험을 할 때 전자레인지에는 포도알을 반으로 갈라 펼쳐서 넣거나 포도알 두 개를 거의 붙여서 놓는다. 눈으로 보기에는 포도알이 딱 붙어 있는 것처럼 보이지만 실제로는 포도알 두 개가 정확히 붙어 있을 수는 없다. 어느 정도 틈이 있다. 연구에 따르면, 전자레인지 내부에 존재하는 파장이 12cm 정도인 전자기파는 포도알의 적당한 크기와 곡면, 포도알을 구성하는 물과 이온 등의 성분으로 말미암아 포도알 안에서 일종의 공명효과를 일으킨다. 포도알 내에 갇힌 전자기파의 에너지는 공명 현상으로 점점 커지고, 급기야 포도알 표면의 분자들을 이온화시켜 플라스마^{plasma} 상태로 변화시켜 우리 눈에 보이는 불꽃을 만들어낸다.

따라서 전자레인지에 포도를 넣으면 스파크가 생기는 이유는 포도가 딱히 특별하기 때문이 아니라, 포도의 크기와 둥근 형태 등으로 만들어지는 전자기파의 공명 현상 때문이다. 플라스마 상태인 이온이 한쪽 포도알에서 다른 쪽 포도알로 전달되며 공기 안에서 스파크를 만들어내려면 두 포도알 사이 간격이 좁아야 하는 것도 중요하다. 실제로 포도송이가 아니어도 전자레인지에서 스파크가 일어나는 현상은 얼마든지 볼 수 있다.

스마트폰을 옆에 두고 자면 인체에 치명적일까?

현재 우리가 일상생활에서 쓰고 있는 전자기기 중에서 전자기파를 이용하는 대표적인 기기는 스마트폰이다. 스마트폰으로 통화할 때 우리의 음성은 마이크 장치에 들어 있는 얇은 막에 역학적인 진동을 만들어내고 이 진동이 전기신호로 변환된 후, 그 안에 담긴 정보가 전자기파 형태로 변환되어 기지국을 거쳐 상대방 스마트폰에 전달된다. 친구에게 보내는 문자, 서로의 근황을 전하는 SNS, 언제 어디서나 접속할 수 있는 무선 인터넷 등 스마트폰으로 전해지는 모든 정보는 전자기파를 이용해 주고받는다. 그렇다면 스마트폰에서도 전자기파가 나올까? 당연히 나온다. 물론 스마트폰의 전자기파는 그 에너지가 그다지 크지 않으므로 두려워하거나 공포심을 느낄 필요는 전혀 없다.

또 스마트폰을 옆에 두고 자면 전자기파 때문에 인체에 해가 될 수 있다거나 스마트폰 사용이 발암 확률을 높인다는 주장도 있다. 그러나 여러 연구에서 이런 주장은 아무런 근거가 없다고 밝히고 있다. 확실한 것은 스마트폰에서 나오는 전자기파는 전자레인지에서 나오는 전자기파와는 비교도 안 될 만큼 에너지가 적다. 전자레인지의 전자기파를 두려워할 이유가 없다면 스마트폰의 전자기파도 두려워할 이유가 전혀 없다.

일상생활에서 전자기파가 가장 많이 나오는 곳은?

요즘에는 전자파라고 하면 듣는 사람이 공연히 두려워하는 것 같아 의식적으로 전자기파로 부르려고 노력한다. 누구나 쉽게 접할 수 있는 생활 영역에서 전자기파가 가장 많이 나오는 곳은 고압 송전탑 같이 교류 전류가 많이 흐르는 곳이다. 고압 송전탑 같은 경우에는 송전선에서 높은 에너지의 전자기파가 나오는 것을 측정할 수 있다.

그러나 너무 가까이만 가지 않는다면 크게 염려할 정도는 아니다. 고압 송전선에서 조금만 거리가 멀어져도 전자기파의 영향이 그리 크지 않기 때문이다.

먼저, 고압 송전선을 보면 두 선이 나란히 있다. 이 두 선은 극성이 서로 반대로 설계되어 한쪽에서 나오는 전자기파가 다른 쪽 선에서 나오는 전자기파와 만나 거의 상쇄된다. 서로 다른 극성에 의해 상쇄된 전자기파는 조금만 거리가 멀어져도 미미한 수준까지 줄어든다. 고압 송전선에서 아주 가까운 곳이 아니라면 사실 크게 두려워할 필요는 없다고 생각한다.

세상은 물리다

전자레인지를 돌릴 때 앞에 있어도 되나요?

전자레인지의 전자기파에 대한 편견 중 가장 대표적인 것이 전자레인지를 켤 때는 멀리 떨어져 있어야 한다는 생각이다. 전자레인지를 돌리면 불이 켜지면서 소리가 나고, 더러는 음식이 익으면서 탁탁 튀거나 터지기도 하니 직관적으로 '어, 이거 위험한데!'라고 느낄 수도 있다. 이런 차원에서라면 어쩔 수 없지만, 혹시 전자기파가 염려되어 전자레인지에서 멀리 떨어지는 것이라면 생각을 바꾸어도 좋다. 앞에서도 언급했듯이 전자레인지 문에는 철망이 있어서 전자기파가 문을 통과해서 밖으로 나오는 일은 거의 없다.

반면 전자기파 자체가 유독성이 있다고 여겨 전자레인지에 데운 음식까지 꺼리는 사람이 있다. 이런 두려움으로 전자기파가 들어가지 않도록 그릇에 뚜껑을 덮기도 하는데, 정말 불필요한 조치다. 물론 음식이 갑자기 끓어넘쳐 그릇 밖으로 튈 수도 있으니 전자레인지가 더러워지지 않도록 뚜껑을 덮는다면 이해할 수 있다. 하지만 전자기파가 들어가지 말라고 뚜껑을 덮는 것은 전혀 도움이 되지 않는다. 플라스틱 재질의 뚜껑이라면 덮는다고 해서 전자기파를 막을 수는 없다. 금속제 뚜껑을 덮으면 거꾸로 전자기파가 그릇 안으로 들어가지 못해 음식을 데우지 못한다.

전자레인지에 절대 넣으면 안 되는 음식도 있다. 가령 달걀은 전자레인지에 들어가면 감당 못할 사고를 친다. 이른바 '달걀 폭탄'이 되는 것이다. 달걀이 전자레인지 안에서 익으면서 액체 상태의 물분자가 기체 상태인 수증기로 기화하여 껍질 안쪽의 압력을 높인다. 달걀은 껍질이 딱딱해서 어느 정도의 압력은 견딜 수 있다. 그러나 껍질 안의 압력이 임계점에 다다르면 그때는 폭발하듯이 터져버린다. 달걀이 터져 사방으로 튀면 전자레인지 안은 그야말로 아수라장이 될 게 뻔하다. 전자레인지에 날달걀은 넣지 않는 게 최선이다.

물리학자가 알려주는 전자레인지 사용 꿀팁

물리학자의 입장에서 소소하지만 살림에 도움이 될 만한 전자레인지 사용 꿀팁이 있다.

요즘에는 냉동 패스트푸드 제품을 전자레인지에 데워서 먹는 경우가 많은데 냉동 피자도 그중 하나다. 그런데 냉동실에 얼려 놓은 냉동 피자를 전자레인지에 넣으면 생각보다 빨리 뜨거워지지 않는다. 여기에는 이유가 있다.

전자레인지로 음식을 데우기 위해서는 전자기파로 물 분자의 회전 운동을 유도해야 한다. 그런데 딱딱한 고체 상태인 얼음의 물 분자는 $2.4GHz$ 정도인 전자레인지의 전자기파로는 회전 운동을 하기가 어렵다. 다시 말해 $2.4GHz$ 정도의 전자기파를 내보내는 전자레인지로는 딱딱한 얼음에 있는 물 분자의 회전 운동을 유도하기 어려워 냉동 피자를 쉽게 데울 수 없는 것이다.

세상은 물리다

이럴 때 유용한 요령이 있다. 냉동 피자를 접시 위에 놓고 살짝 물을 뿌리는 것이다. 냉동 피자의 표면에 액체인 물이 있으면 전자레인지가 액체인 물을 빨리 데워서 냉동 피자를 빠르게 해동할 수 있다.

전자레인지 사용 시 주의해야 할 점

전자레인지는 비교적 안전한 조리 도구지만 한 가지 조심해야 할 것이 있다. 전자레인지 안에 금속을 넣지 않는다는 원칙이다. 금속은 자유전자free electron가 많은 물질이기 때문에 전자기파가 통과하지 못한다. 도체인 금속 안에는 쉽게 움직일 수 있는 자유전자가 많고, 도체로 둘러싸면 외부의 전자기파는 도체를 통과해서 그 내부로 전달되지 못한다. 결국 도체로 꽁꽁 둘러싼 음식물은 전자기파가 전달되지 않아서 데우기가 어려워진다. 그러므로 뚜껑까지 금속으로 된 용기에 음식을 넣고 전자레인지에 돌리면 음식이 절대로 데워지지 않는다.

또 은박지, 알루미늄 포일같이 금속을 재료로 만든 용품을 전자레인지에 넣는 것은 위험하다. 금속 재료로 만든 제품을 전자레인지 안에 넣고 작동시키면, 전자기파가 금속 안에 있는 자유전자들을 빠르게 진동시킨다. 이 과정에서 잘못하면 불꽃으로 인한 화재가 날 수도 있다. 실제로도 음식을 알루미늄 포일에 싸서 전자레인지에 넣고 데우려다 불꽃이 일어나 화재로 이어지는 경우가 있다.

물을 데운다고 맹물을 넣고 전자레인지를 돌리는 것도 위험할 수 있다. 표면이 아주 매끄러운 용기에 물만 넣고 데우게 되면 가끔 온도가 끓는점을 넘어도 물이 기화하지 않는 상태가 만들어질 수 있기 때문이다. 이렇게 과열superheating 상태에 있는 물에 약간의 충격이나 변화가 생기면 갑자기 물이 기화하면서 물이 끓어오르며 폭발하듯

물이 용기 밖으로 튈 수도 있다. 물이 심하게 튈 경우 사람이 화상을 입고 전자레인지가 고장날 수도 있으므로 물은 다른 도구를 이용해 끓이는 것이 좋다. 과열 상태에 있는 물이 갑자기 기화하는 것과 비슷한 것이 바로 냉동실 안에 넣어 놓은 콜라를 꺼내서 컵에 따를 때도 간혹 관찰된다. 이 경우는 콜라가 과냉각^{upercooling} 상태에 있기 때문이다. 온도가 콜라의 어는점보다도 낮아졌는데 얼지 않고 액체 상태를 유지하고 있다가 약간의 충격으로 갑자기 얼기 시작하는 현상이다. 콜라의 과냉각 상태를 이용해서 콜라를 슬러시처럼 만들어 먹는 재밌는 방법도 있다.

전자레인지로는 절대 녹일 수 없는 무적의 방법

'전자레인지로는 절대 녹일 수 없도록 냉동식품을 만들라!'
이런 과제가 주어진다면 어떻게 할까? 가만히 생각해 봤는데 가장 쉽게 할 만한 방법은 전자레인지의 전자기파가 갖는 특성을 이용하는 것이다.
전자레인지의 전자기파는 음식에 투과할 수 있는 거리가 1cm 정도다. 따라서 가운데 음식을 놓고 그 둘레를 1cm 이상 두께의 얼음으로 감싸면 된다. 물론 얼음이 편하겠지만 여의치 않다면 다른 것으로 감싸면 된다. 수분이 전혀 없이 완전히 마른 북어를 1cm 두께로 칭칭 감아도 가능하지 않을까 싶다.

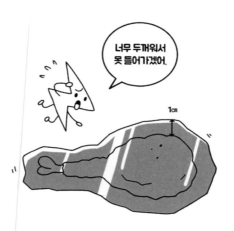

전자레인지로 어떤 것도 해동하지 못하도록 하는 게 목표라면 액체질소를 이용할 수도 있다. 이 방법은 아이디어라고 할 것도 없이 그냥 얼리는 것과 똑같다. 액체질소에 음식을 풍덩 담그면 된다. 액체질소는 영하 196℃에 이를 만큼 온도가 낮기 때문에 음식은 금방 얼어버린다. 그것도 아주 꽁꽁 얼어붙는다. 이렇게 얼린 음식은 전자레인지에 넣고 돌려도 음식 안에 있는 물 분자의 회전 운동이 거의 불가능하기 때문에 해동되지 않는다. 그런데 전자레인지를 이런 용도로 사용하는 사람이 있을까?

전자레인지에 사람이 들어가면 어떻게 될까?

과거 시청자의 호기심을 풀어주는 TV 프로그램에서 전자레인지에 파리를 넣고 작동시키면 어떻게 되는지 실험하는 것을 본 적이 있다.

세상은 물리다

실험 결과 파리는 전자레인지 안에서도 꿋꿋하게 살아 있었는데, 이유는 간단하다. 파리가 전자레인지에서 나오는 전자기파를 요리조리 피했기 때문이라고 한다.

전자레인지의 전자기파는 내부에서 일종의 정상파를 이루게 된다. 결국 전자레인지 내부의 특정 위치에서는 전자기파의 진폭이 0이 되는 위치인 마디가 존재하게 된다. 파리는 크기가 작은 데다가 또 쉬지 않고 움직인다. 따라서 날다가 자신의 체온이 급격히 오르는 위치를 피해 정상파의 마디에 해당하는 위치에 머물게 되는 것이 아닐까 생각한다.

그러나 큰 바퀴벌레나 메뚜기 같은 곤충은 아무리 정확히 마디의 위치에 있다고 해도 크기가 커서 몸의 일부분에는 어느 정도의 전자기파를 느끼게 되므로 아무래도 살아남기 어려울 것을 예상할 수 있다. 전자레인지에는 음식물을 빙글빙글 돌려주는 회전판이 있다. 이 회전판은 전자기파의 진폭이 0이 되는 사각지대를 보완하여 음식물이 골고루 익도록 도와주는 장치이다.

그렇다면 전자레인지에 사람이 들어가면 과연 어떻게 될까? 아무도 이런 험악한 일을 벌이지는 않겠지만 호기심 많은 사람이라면 한 번쯤 해볼 만한 상상이다. (사실 전자레인지가 사람이 들어갈 만큼 크지는 않은데 이런 상상을 할까요?) 전자레인지에서 사용하는 전자기파 정도면 수분이 70% 정도인 사람에게는 치명적일 수 있다. 특히 물을 많이 포함한 사람의 근육 조직 같은 경우, 전자기파가 1cm 정도까지는 피부 안으로 투과해 들어갈 수 있다. 그 이야기는 사람의 몸 바깥쪽으로부터 1cm 정도 안에 있는 물 분자들의 온도가 엄청나게 빠른 속도로 오를 수 있음을 암시한다.

의학적인 지식이 많은 것은 아니지만 피부 근처에서 1cm 두께면 상당히 두꺼운데, 이 부분이 전자레인지에서 발생한 전자기파의 에너지로 인해 온도가 빠르게 오르면 심각한 화상을 입게 될 것이다. 그것도 바깥에서 뜨거운 물건에 데어 입는 화상이 아니라 몸에 있는 물 분자들의 운동으로 몸속 기온이 급격히 올라 입게 되는, 피부 깊은 곳에 발생하는 화상이다. 보통 화상을 나누는 기준이 바깥쪽으로부터 어느 정도 깊이까지 인체의 조직이 파괴되었는가로 보는데, 바깥쪽은 물론 물 분자 운동으로 안쪽에서도 발생하는 화상이라면, 아마 짧은 시간만 노출되어도 생명이 위험해지지 않을까?

2장

물리 법칙으로
풀어보는 문명 스케치

500층 건물도
지을 수 있을까?

바람의 속도는 왜 매번 다를까?

성경에 등장하는 바벨탑처럼 더 높은 곳에 오르려는 인간의 열망을 가장 시각적이고 상징적으로 보여주는 것이 고층 건물이다. 고대부터 현대에 이르기까지 건축물의 높이는 당대에 동원 가능한 거의 모든 성과가 결합된 결과물이다. 오늘날에도 변함이 없다. 나라마다 도시마다 자신의 힘과 부를 보여주기 위해 온갖 역량을 동원하여 더 높고 더 큰 건물을 짓고 있다. 그렇다면 현대의 기술을 총동원해 건물을 짓는다면, 우리는 얼마나 높은 건물을 세울 수 있을까? 지면으로부터 점점 높아질수록 바람의 속도가 빨라지는 것도 초고층 빌딩을 건설할 때 중요한 고려사항이다. 초고층 건물에 대한 이야기를 하

물리 법칙으로 풀어보는 문명 스케치

기 전에 많은 사람들이 궁금해하는 멋진 질문을 만나 보자.

"지구는 늘 자전과 공전을 규칙적으로 반복하는데 왜 바람의 속도
는 매번 다를까?"

언뜻 들으면 이렇게 상식적인 걸 묻나 싶지만 무척 흥미롭고 중요
한 질문이다. 바람이 부는 이유를 몇 가지 다른 상황에서 사고실험의
방식으로 설명해 보자. 그럴 리는 없겠지만 지구가 완벽한 평면의 모
습이며, 지구의 표면은 완벽히 똑같은 물질로 균일하게 덮여 있다고
생각해 보자. 태양이 평평한 지구에서 아주 멀리 떨어져 있다면 태양
이 전달하는 에너지는 지구 표면 모든 곳에서 균일할 것이다. 이 경
우 평평한 지구 표면 근처의 대기는 어느 곳에서나 온도가 같고 따라
서 압력도 같다. 고기압에서 저기압 방향으로 대기가 움직이는 것이
바람이니, 평평하고 균일한 지구라면 바람이 불 이유가 없다.

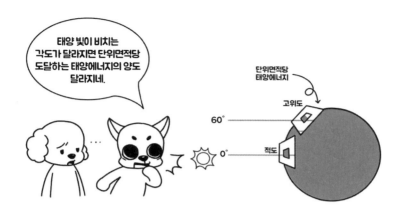

두 번째로는 지구가 완벽한 구의 모습으로 자전하지 않고 딱 정지해 있으며, 앞의 사고실험과 마찬가지로 지구 표면이 똑같은 물질로 균일하게 덮여 있다고 가정해 보자. 아주 멀리 떨어진 태양이 지구의 적도 부근에 수직으로 떠 있을 때, 일정한 넓이의 지표면에 도달하는 태양 복사 에너지의 양은 위도에 따라 어떻게 달라질까?

간단하게 종이 한 장을 가지고 그 결과를 추측할 수 있다. 종이 면에 태양 빛이 수직으로 입사하면 태양이 보내는 모든 에너지는 종이 전체에 균일하게 도달한다. 종이의 각도가 수직 방향에서 기울게 되면 종이의 단위면적당 받게 되는 태양 에너지의 양은 수직일 때보다 적어지게 된다.

결국, 완벽한 구 모양의 자전하지 않는 지구의 경우 적도 부근은 단위면적당 닿는 태양 에너지가 많고, 적도에서 극지방으로 가면서 위도가 높아질수록 단위면적당 태양 에너지가 줄어든다. 따라서 적

물리 법칙으로 풀어보는 문명 스케치

도 지역의 대기 온도는 빨리 오르고, 극지방으로 갈수록 온도가 천천히 오른다.

한편, 공기는 온도가 높아지면 밀도가 작아지고, 주변에 있는 공기보다 밀도가 작아진 공기는 지면의 수직 방향을 따라 위로 올라간다. 바닥에 있던 공기가 위로 올라가면 지면에 가까운 아래쪽은 상대적으로 공기의 양이 비게 되고, 이 공간은 사방에 있던 공기가 몰려들어 채우게 된다. 결국 정지한 둥근 지구의 표면 근처에서는 고위도에서 적도를 향해 바람이 불게 된다. 즉, 북반구에서는 북풍이, 남반구에서는 남풍이 적도를 향해 불어오는 것이다.

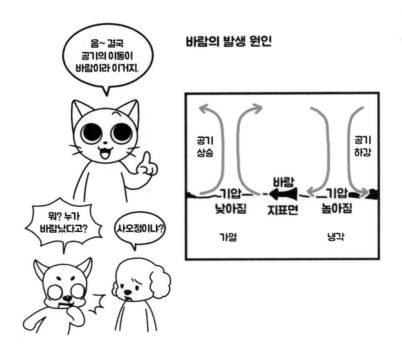

여기까지 이해되었다면, 완벽한 구인 지구가 정지해 있지 않고 자전한다는 조건을 더해 보자. 앞에서 이어간 추론의 결과로 북반구와 남반구에서는 각각 바람이 적도를 향해 불어오는데, 지구가 자전을 하므로 또 다른 힘이 바람의 방향에 영향을 미친다. 바로 회전체의 표면 위에서 운동하는 물체에 작용하는 관성력을 일컫는 '코리올리의 힘Coriolis force'이다.

코리올리의 힘은 적도를 향해 불어오는 바람의 방향을 북반구에서는 오른쪽으로 비스듬하게, 남반구에서는 왼쪽으로 비스듬하게 바꾼다. 그러니까 적도에 서 있다면 북쪽에서 오는 바람은 오른쪽으로 휘어서 북동풍이 되고, 남쪽에서 오는 바람은 왼쪽으로 휘어 남동풍이 불게 된다. 실제로도 먼 바다를 항해하는 범선은 적도보다 약간 북쪽에서는 북동풍을 만나게 되는데, 이것이 대항해시대 대륙 간 이동을 도운 북동무역풍이다. 이렇듯 지구의 모양이 동그랗고, 지표면은 균

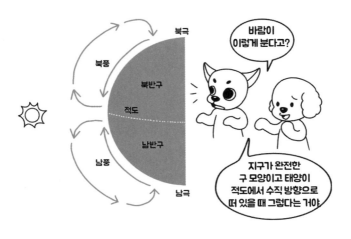

일한 물질로 이루어져 있으며, 일정한 속도로 자전한다면, 적도에서 북쪽으로 가면 북동무역풍을 만나고 남쪽으로 가면 남동무역풍을 만나게 된다.

그런데 우리가 사는 지구는 자전하는 균일한 구가 아니다. 지표면의 높낮이가 균일하지 않으며, 육지와 바다처럼 물질도 균일하지 않다. 어떤 곳에는 높은 산이, 어떤 곳에는 평평한 바다가 있고, 사막도 강도, 그리고 고층빌딩으로 가득 찬 대도시도 있다. 이러한 지구 표면의 비균일성으로 말미암아 어떤 지역은 온도가 빨리 오르고, 어떤 지역은 천천히 오른다. 지구가 자전하지도 않고, 동그랗지도 않은 평면이라 하더라도 시시각각 바람의 방향과 속도가 국지적으로 변할 수 있다.

해수욕장의 모래밭을 떠올려 보자. 한낮이 되니 강렬한 햇볕이 내리쬔다. 햇볕은 바닷물과 모래밭을 가리지 않는다. 그런데 모래밭은 발을 데일 것처럼 뜨겁지만 바닷물은 여전히 시원하다. 물질 1g의 온도를 1도만큼 올리는 데 필요한 열의 양을 비열specific heat이라고 한다. 모래의 비열이 물의 비열보다 작아서, 같은 양의 열이 전달되어도 모래의 온도가 물의 온도보다 더 크게 변하게 된다. 햇볕 쨍쨍한 한낮에 모래밭의 온도가 훨씬 더 빨리 오르는 이유다. 모래밭 바로 위 공기의 온도가 더 높아서 밀도가 작아 위로 상승하고, 그 빈 곳을 향해 바다 쪽의 공기가 몰려오게 되어 바다 쪽에서 모래밭을 향해 바람이 불어온다. 여름 한낮 해변에서 만나게 되는 바닷바람이다.

밤이 오면 사정이 달라진다. 밤에는 비열이 작은 모래밭의 온도가 바다에 비해 상대적으로 빨리 내려간다. 낮과는 반대로, 상대적으로 온도가 높은 바다 위 공기가 상승하고 육지에서 바다를 향해 바람이 불게 된다. 시간에 따라, 그리고 주변 환경에 따라 바람의 세기와 방향이 다를 수 있다.

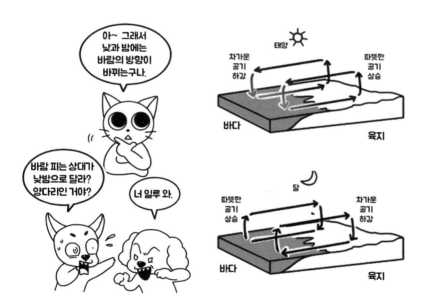

초고층 건물로 불리는 기준

이제 바람과는 떼려야 뗄 수 없는 문명의 상징인 초고층 건물에 대해 이야기를 해보자. 물리학에서 초고층이라고 딱 찍어서 경계를 나

눌 수 있는 기준을 생각하기는 어렵지만, 우리나라에서는 건축법상 50층 이상의 건물, 또는 높이로 200m가 넘는 건물을 초고층이라고 부른다고 한다.

현재 우리나라에서 가장 높은 초고층 건물은 123층인 롯데월드타워로 높이는 554.5m다. 그렇다면 세계에서 가장 높은 초고층 건물은 무엇일까? 2010년 이후 지금까지 세계에서 가장 높은 건물이라는 타이틀은 아랍에미리트 두바이에 세워진 부르즈 할리파가 가지고 있다. 부르즈 할리파Burj Khalifa는 무려 163층으로 높이는 828m다.

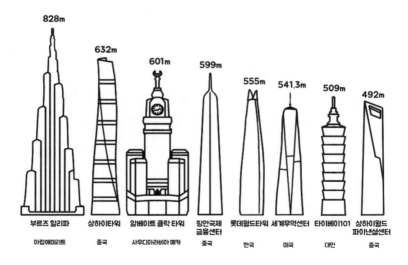

유명한 세계의 초고층 건물들

828m 부르즈 할리파 아랍에미리트

632m 상하이타워 중국

601m 알베이트 클락 타워 사우디아라비아 메카

599m 핑안국제금융센터 중국

555m 롯데월드타워 한국

541.3m 세계무역센터 미국

509m 타이베이101 대만

492m 상하이월드파이낸셜센터 중국

초고층 건물의 특징

초고층 건물에는 공통적으로 볼 수 있는 특징이 있다. 눈썰미 좋은 사람이라면 쉽게 알아차릴 만한 것인데 바로 건물의 모양이다. 초고층 건물을 지을 때 유리한 모양을 따져보면 당연히 아래쪽 면적은 넓고, 위로 갈수록 조금씩 좁아지는 형태다. 이런 모양이 초고층 건물에 유리한 이유는 '코끼리 다리는 왜 굵을까?'를 생각해 보면 이해할 수 있다.

코끼리는 육상에서 가장 큰 몸무게를 가진 동물이다. 코끼리는 이 무거운 몸무게를 어떻게 지탱할까? 그 비밀은 바로 코끼리 다리뼈의 굵기에 있다. 일반적으로 뼈가 얼마큼의 무게를 버틸 수 있느냐는 힘이 아니라 뼈에 가해지는 압력에 의해서 결정된다. 똑바로 선 동물의 뼈에 가해지는 힘은 질량 곱하기 중력가속도^{gravitational acceleration}로 곧 코끼리의 무게(W)이고, 이 힘을 코끼리 다리뼈의 면적(A)으로 나눈 압력(P)이 뼈에 작용하게 된다. 즉, $P = \dfrac{W}{A}$ 이므로 압력은 힘에 비례하고 코끼리 다리뼈의 면적에 반비례한다. 그러므로 코끼리 다리뼈가 버틸 수 있는 압력의 최댓값(P_c)이 주어져 있을 때, 앞의 식에 따라서 만약 $\dfrac{W}{A} < P_c$의 조건을 만족하게 되면 코끼리 다리뼈가 코끼리의 무게를 버틸 수 있게 된다. 이로부터 $A > \dfrac{W}{P_c}$의 조건을 만족할 수 있을 정도로 코끼리 다리뼈가 충분히 굵다면 코끼리는 자신의 무게를 다리뼈로 버틸 수 있게 된다는 것을 알 수 있다. '코끼리 다리는 왜 굵을까?'는 질문의 대답은 정말 간단하다. 코끼리가 무거워서다. 또 코 끼리가 무거운 이유는 코끼리의 덩치가 커서 부피가 크기 때문이다. 덩치가 큰 동물의 다리뼈는 굵을 수밖에 없다.

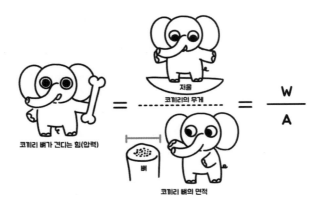

마찬가지로 초고층 건물에도 코끼리 다리뼈의 역할을 하는 기둥이 있다. 건물의 기둥이 얼마나 큰 힘을 버텨야 하는지는 건물의 높이에 따라 달라진다. 아랫부분의 기둥은 당연히 건물 전체의 무게를 버텨 야 한다. 하지만 높은 곳에 있는 기둥은 현재의 위치보다 더 높은 쪽 에 있는 무게만 버티면 된다. 결국, 위로 올라갈수록 기둥이 버텨야 하는 무게가 줄어들게 되므로 건물 최상층 부근 기둥의 단면적은 좁 아도 된다는 의미다. 튼튼한 기둥 역할을 건물 내의 내력벽이 감당한 다고 가정하면, 건물 아래에는 더 두껍고 많은 내력벽이 필요하다는 것도 알 수 있다. 만약 속이 빈 같은 크기의 정육면체 종이 상자를 높이 쌓아올리려 한다면, 아래에는 더 많은 종이상자를 두고 위로 갈수록 상자의 수를 줄여도 된다. 결국 고층건물은 아래가 넓고 위가 좁은 것이 안정적인 모습이다.

초고층 건물에 부는 바람

건물을 높게 짓고자 하는 인간의 열망에는 끝이 없겠지만 건물이 높아질수록 감수해야 할 위험이 있다. 바로 바람, 지진, 화재 같은 재난이다. 특히 바람은 높은 건물을 건축할 때 꼭 고려해야 하는 부담스러운 방해물이다. 왜 지면 가까운 곳에서는 바람이 느리고 높은 곳에서는 강한 바람이 부는지 생각해 보자. 16세기에 활동했던 과학자 코페르니쿠스 Nicolaus Copernicus 에서 이야기가 시작된다.

코페르니쿠스는 태양계를 이루는 천체들이 정지한 지구 주위를 도는 것이 아니라, 태양이 이들 천체들의 공전운동의 중심이라는 태양중심설(혹은 지동설)을 처음 주장한 과학자다. 그는 또 지구는 태양 주위를 돌 뿐만 아니라 지구 스스로 자전 운동을 한다고 이야기했다. 아침에 동쪽에서 떠서 저녁에 서쪽으로 지는 태양을 보면 마치 태양이 정지한 지구 주위를 하루에 한 번 도는 것처럼 보인다. 코페르니쿠스는 이 현상을 가만히 정지한 태양에서 멀리 떨어져 있는 지구가 하루에 한 번 팽이처럼 자전하기 때문이라고 설명했다. 하지만 코페르니쿠스가 살았던 시대의 절대 다수 사람들은 지구가 끊임없이 움직이고 있다는 주장이 얼토당토않다고 확신했다.

당시 사람들이 지동설이 틀렸다고 확신한 첫 번째 이유가 바로 '바람'이다. 자전거를 타고 빠르게 달리면 얼굴에 맞바람이 분다. 같은 이치로 지구가 자전을 한다면 당연히 지구가 움직이는 방향의 반대 방향에서 맞바람이 불어와야 한다. 지구의 엄청난 자전 속도를 생각하면 여름에 선풍기도 필요 없을 것 같다.

하지만 지구의 자전 반대 방향으로 끊임없이 불어오는 맞바람을 맞아본 사람은 한 명도 없다. 지구가 움직인다고 가정하면 얼굴에 맞바람이 불어야 하는데 그렇지 않으니, 코페르니쿠스 당대의 사람들은 지구가 움직일 리 없다고 확신했다. 물론, 현대를 살아가는 우리 모두는 지구가 자전해도 맞바람이 불지 않는 이유를 잘 이해하고 있다. 지구 대기층은 지구의 자전이 계속되면서 지면과의 마찰로 결국은 지구의 움직임과 같은 속도로 움직이게 되기 때문이다. 지구가 움직여도 맞바람이 불 이유가 없다.

위에서 제시한 질문 "왜 높은 곳에서는 바람이 강할까?"에 대한 답도 바람과 지면 사이의 마찰로 어렵지 않게 생각할 수 있다. 움푹 깊게 팬 지형을 따라 흐르는 깊은 강물을 생각해 보자. 바닥 부근에서 흘러가는 강물은 바닥과의 끊임없는 마찰로 속도가 줄고, 바닥에서 먼 수면 근처의 강물은 빠르게 흐르는 것이 당연하다. 같은 이치다. 한 지점에 지면을 따라 빠른 바람이 불어와도 지면 근처의 바람은 느려지고 위로 올라갈수록 바람이 빨라진다. 초고층 건물의 높은 층에는 상당히 강한 바람이 분다.

사람들이 코페르니쿠스의 지동설을 냉담하게 외면한 두 번째 이유가 있다. 만약 지구가 자전하고 있다면 높은 탑 꼭대기에서 물체를 떨어뜨렸을 때 물체의 낙하 도중 지구가 자전하니 탑 바로 아래가 아니라 지구 자전 방향의 반대쪽으로 빗겨서 떨어져야만 한다. 하지만 실제로 실험해 보면 높은 곳에서 떨어뜨린 물체는 그냥 탑 아래 부분 땅에 닿지, 빗겨난 위치에 떨어지지 않는다. 바로, 이 이유로 당대 사람들은 또 지구가 자전하고 있을 리가 없다고 확신했다. 〈범물리〉 채널에 올라온 댓글 중 '달리는 지하철에서 점프를 하면 뒤로 밀려날까?'라는 질문이 있다. 이 질문의 배경이 되는 궁금증이 정확히 같은 얘기다. 달리는 지하철을 자전하는 지구로, 점프한 사람이 탑 위에서 떨어뜨린 물체에 해당한다.

그렇다면 왜 지하철 안에서 점프를 한다고 해서 뒤로 밀려난 위치에 착지하지 않고, 높은 탑에서 떨어뜨린 물체는 지구가 자전하는데도 똑바로 떨어져 탑 바로 아래에 닿을까? 두 현상을 설명하는 현대 물리학의 방식은 정확히 같다. 결론부터 말하자면, 지하철 안에서 점프하기 전 우리는 이미 지하철과 같은 속도를 가지고 있기 때문이고, 높은 탑에서 물체를 놓는 순간 그 물체는 지구의 자전 속도와 같은 속도를 이미 가지고 있기 때문이다.

움직이는 지하철 안에서 점프하는 사람을 본 같은 칸의 다른 승객은 이 사람이 그냥 똑바로 위로 점프했다가 아래로 떨어져 다시 같은 위치에 도달한 것을 보지만, 움직이는 지하철 밖에서 땅에 가만히 정지해 있는 다른 사람은 점프한 사람이 포물선 운동을 하는 것으로 볼 뿐이다. 누가 봐도 점프했다가 착지한 위치는 이 사람이 처음 점프를 시작한 지하철 차량 안의 위치와 같다. 지구가 자전해도 높은 곳에서 떨어뜨린 물체는 그냥 지구 중심을 향한 수직 방향으로 떨어져 지면에 닿는다. 코페르니쿠스의 태양중심설이 말도 안 된다고 반대한 사람들이 근거로 든 '지구가 돌고 있는데 왜 물건을 떨어뜨리면 한쪽 방향으로 치우치지 않는가?'는 '달리는 지하철에서 점프를 하면 왜 뒤로 밀려나지 않을까?'와 같은 설명으로 쉽게 이해할 수 있는 물리 현상이다.

초고층 건물은 어떻게 흔들리지 않고 서 있을까?

건물은 높이 올라갈수록 바람에 의해 옆으로 흔들리는 폭이 커진다. 그래서 현대 건축은 태풍, 바람, 지진에 대비한 다양한 시설과 장치를 갖추고 있다. 건축물에 사용되는 이런 장치 중에는 아주 재미있는 것이 있다. 나는 뉴욕에 있는 '56 레너드 스트리트56 Leonard Street'라는 유명한 건물의 설계에서 이 장치를 본 적이 있다. 혹시 이 건물을 인터넷으로 검색해 보고자 한다면 '젠가 빌딩jenga building'이라고 키워드를 적으면 된다. 젠가는 길쭉한 직육면체 모양의 나무토막을 높이 쌓아 놓은 다음에 하나씩 번갈아 뽑다가 나뭇더미를 처음 무너뜨린 사람이 지는 게임이다. '젠가 빌딩'이라는 별명은 이 건축물의 모습이 젠가처럼 생겼기 때문이다.

젠가 빌딩은 아파트인데, 건축물의 안정성을 확보하는 장치가 빌딩 중간에 설치되어 있다. 이 장치는 역할에 비해 구조는 아주 간단하다. 아니, 구조라고 할 것도 없이 그냥 텅 빈 공간에 커다란 물탱크를 놓은 게 다다. 별다른 부속 장치도 없지만 이 물탱크는 건물이 옆으로 흔들리는 움직임을 크게 줄일 수 있다. 물론 여기에는 분명한 이유가 있다. 건물이 옆으로 움직이면 그 안에 있던 물은 반대쪽으로 움직인다. 물이 반대쪽으로 움직이면서 건물의 무게가 한쪽으로 쏠리는 것을 막아준다. 따라서 결과적으로는 큰 물탱크 안에 물만 가득 담아 놓아도 건물이 움직이며 생기는 진폭을 크게 줄일 수 있다. 관심 있는 독자에게는 인터넷에서 "Sloshing Damper Model"을 검색어로 해서 찾을 수 있는 동영상을 추천한다. 빈 용기에 물만 담았는데도 구조물이 옆으로 흔들리는 정도가 빠르게 줄어드는 장면을 볼 수 있다.

건물 진동을 막는 물탱크만큼 호기심을 자아내는 또 다른 장치도 있다. 과거 서울 광진구에 위치한 테크노마트 빌딩에서 있었던 사건과 관계된다. 당시 테크노마트 건물 내 한 곳에서 여러 사람이 음악에 맞추어 모두 같은 동작으로 함께 박자에 맞춰 운동했다. 많아야 수십 명 정도의 사람들이 운동했을 뿐인데 빌딩의 흔들림이 강하게 관찰되었다. 많은 사람들이 깜짝 놀라 두려움을 느꼈다. 사람들은 설계 오류니, 부실시공이니 하며 온갖 추측을 쏟아냈다.

테크노마트 건물은 왜 흔들렸을까? 놀이터의 그네든 기타줄이든 놋쇠 그릇이든, 세상 모든 것은 외부에서 살짝 툭 건드리면 눈으로 직접 보기 어려울 수는 있지만 모두 작은 진폭의 진동을 하게 된다. 기타줄을 세게 튕기든 약하게 튕기든 같은 기타줄에서 나는 음의 높이가 같은 것에서 알 수 있듯이 이때 만들어진 진동의 진동수는 물체 자체의 속성이다. 이를 물리학에서는 자연진동수 혹은 내부진동수라고 부른다. 한편, 외부에서도 주기적으로 이런 물체에 힘을 가할 수 있다. 외부의 주기적인 힘이 가진 진동수를 물리학에서는 외부진동수라고 한다. 만약 외부진동수가 자연진동수와 같아지면 계속 외부에서 주기적으로 작용하는 힘 때문에 물체가 진동하는 진폭이 아주 커지게 되는데 이를 물리학에서는 공명현상이라고 한다.

공명현상은 우리 주변에서 아주 쉽게 찾아볼 수 있다. 예를 들어, 놀이터에서 아이의 그네를 밀어주는 것을 생각해 보자. 한 번만 살짝 밀고 그네가 처음 위치로 돌아올 때까지의 시간을 재면 이 진동의 주기는 그네의 자연진동수와 관련된다. 한편, 아이가 탄 그네를 팔로 미는 동작을 반복하는 것에 관계된 주기는 외부 영향이니 외부진동수와 관련된다. 살짝 밀면 5초마다 돌아오는 그네를 5초마다 밀면 얼마든지 그네가 크게 흔들리게 할 수 있다. 앞의 5초는 자연진동수의 역수, 그네를 미는 뒤의 5초는 외부진동수의 역수이다. 그네를 밀 때 자연진동수와 외부진동수를 같게 하면 그네의 진폭을 크게 늘릴 수 있다.

테크노마트에서 발생한 것도 같은 공명현상이다. 사람들이 쿵쿵 음악에 맞춰 몸을 함께 움직이는 것은 외부진동수에 해당하는데, 이 외부진동수가 우연히 건물 자체가 가지고 있는 자연진동수와 같아졌고, 결국 건물의 진폭이 커지는 결과를 만들어낸 것이다. 공명현상에서 외부에서 주기적으로 가하는 힘이 그리 크지 않아도 진폭이 커질 수 있다는 것이 중요하다. 몇십 명이 음악에 맞추어 운동한 것만으로도 엄청난 크기의 건물을 흔들리게 할 수 있다.

자, 건물이 흔들린 이유를 알아냈으니 이제 건물이 흔들리지 않게 하려면 어떻게 건축물을 보강해야 할까? 건물 관계자들이 도입한 보

강 방법 역시 간단하면서 기발했다. 그것은 건물의 맨 꼭대기 옥상에 레일을 깔고 레일 위에 50t이나 나가는 무거운 철판을 얹어 놓는 것이었다. 이 레일 위의 철판도 물탱크 안에 물을 담아 진동을 막는 장치의 원리와 비슷하게 작동한다. 건물이 움직이면 레일 위에 있던 철판이 건물이 움직이는 방향과 반대쪽으로 움직이면서 건물이 좌우로 흔들리는 것을 크게 줄여주는 것이다.

물을 채운 물탱크나 레일 위에 무거운 철판을 올려놓아 진폭을 줄이는 방법 외에도 건물의 흔들림을 잡는 장치에는 무거운 쇳덩어리를 이용하는 방법도 있다. 기둥 같은 걸 세우고, 아주 무거운 쇠공을 그냥 매달아 놓는 것이다. 이 진동제어 장치는 대만에서 가장 높은 건물인 타이베이101$^{Taipei\ 101}$ 건물에 사용된 것으로 유명하다. 이렇게 매단 무거운 쇠공을 끈적끈적한 액체^{fluid}에 담가 놓을 수도 있다. 쇠공을 이런 유체에 담가 놓으면 건물이 좌우로 움직이게 될 경우 쇠공은 그 반대 방향으로 움직이려고 한다. 이 움직임을 점성이 큰 끈적끈적한 액체가 방해하고, 쇠공의 움직임을 줄이게 되어 결국 건물 자체의 움직임도 줄일 수 있다.

우리나라 건축물에는 많지 않지만 일본처럼 지진이 자주 발생하는 지역에서는 또 다른 방법을 쓰기도 한다. 이 기발한 방법은 건물 전체를 레일 위에 올리는 것이다. 건물 기둥마다 튼튼한 바퀴를 달고, 그걸 레일 위에 얹어 놓으면 어떻게 될까? 건물의 바닥이 지면에 딱 붙어 있는 상태에서 건물의 아랫부분이 지진으로 움직일 때 건물 윗부분은 관성 때문에 움직이지 않으려 하는 경향이 있다면 건물은 수평 방향으로 큰 힘을 받는 셈이어서 벽에 균열이 가거나 기둥이 부러질 수도 있다. 이럴 때 건물이 바퀴 위에서 움직일 수 있게 하면 건물 전체가 수평 방향으로 나란히 움직여서 기둥이 꺾이거나 부서지는 부분이 없어 붕괴를 막을 수 있게 된다.

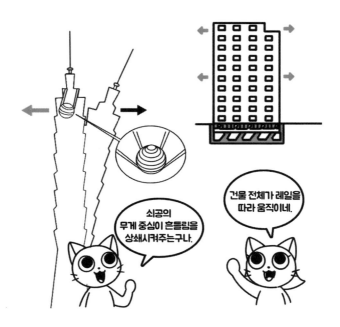

500층 건물을 짓는 방법

현대 건축에서는 앞서 소개한 진동제어 장치처럼 간단하면서도 기발한 장치나 시설을 이용해 건물의 안정성을 확보하기 위해 노력한다. 그러나 아무리 첨단 과학 기술을 다양하게 적용하더라도 건축의 근본적인 한계를 극복하는 데는 여전히 넘어야 할 과제가 많다. 아무리 건축물을 잘 짓는다고 하더라도 바람에 의한 진동, 그리고 지진에 의한 충격 등에 완벽히 대응하기는 어렵고, 또한 건물에 이용하는 물질이 버틸 수 있는 무게의 한계라는 장벽을 뛰어넘기는 어렵기 때문이다.

찾아본 자료에 의하면 현재 우리는 다양한 물질을 사용해 건축물을 짓고 있다. 그중에서 가장 많이 쓰는 것이 철근과 콘크리트를 이용해 건물을 올리는 방식이다. 철근과 콘크리트를 함께 이용하면 다른 어떤 방법보다 튼튼하고 효율적으로 높은 건물을 지을 수 있다. 그렇다면 철근 콘크리트로 지으면 얼마나 높이 건축물을 올릴 수 있을까?

유수한 공학자들이 추산한 바에 의하면, 현재 기술로 지을 수 있는 건축물의 한계 높이는 약 1.6km 정도가 될 것이라고 한다. 보통 건물의 한 층 높이를 4m 정도로 본다면 500층은 높이가 2km에 해당해서, 아마도 500층 정도 높이의 초고층 건물을 건설하는 것은 어렵다고 할 수 있다. 하지만 높게 올리려고만 한다면 방법이 있기는 하다. 우리는 초고층 건물이라고 하면 보통 네모반듯한 모양을 생각한다. 그런데 이런 고정관념을 과감하게 버리고 아래를 최대한 넓게 만들고, 그 위에 피라미드 형태로 조금씩 좁게 한 층씩, 그리고 아랫부분일수록 더 강한 압력을 버틸 수 있는 물질을 이용해 쌓아 올리면 어떨까? 이 정도 높이의 건물은 우리에게 익숙한 네모반듯한 현대 건축물과는 다른 모습이지 않을까?

철근 콘크리트보다 훨씬 더 큰 무게와 압력을 버틸 수 있는 새로운 물질이 개발된다면 물론 얘기가 달라질 수 있다. 미래에 인간은 과연 몇 층짜리 건물을 만들게 될까?

얼마나 깊이 땅을
팔 수 있을까?

『15소년 표류기』『80일간의 세계 일주』 등으로 유명한 프랑스 작가 쥘 베른Jules Verne의 작품 중에는 『지구 속 여행』이라는 소설이 있다. 우주나 심해처럼 쉽게 갈 수 없는 곳에 대한 호기심은 상상과 만나 놀라운 이야기를 만들곤 하는데, 『지구 속 여행』에서 작가는 지구 중심부에 존재하는 상상의 세계를 그린다. 그곳에는 호수도 있고, 숲도 있으며, 심지어 공룡도 살고 있다.

과연 이런 세계가 지구 속에 존재할 수 있을까? 아니, 우리 인간의 기술과 능력으로 지구 중심부에 갈 수는 있는 걸까?

이번 주제는 발밑 땅속 깊이 있어 보이지 않는 지하 세계에 대한 이야기다.

서울은 어떻게 그 많은 지하철을 지었을까?

우리나라에 여행 온 외국인이 놀라는 것 가운데 하나가 서울의 전철이다. 거미줄처럼 연결되어서 서울 곳곳을 연결하는 편리함뿐 아니라 외국 여러 나라에 비교해 정말로 깨끗한 시설에 감탄한다. 서울 시내의 여러 전철 노선이 주로 지하에서 길게 이어진 이유도 궁금해한다.

대부분의 노선이 땅속에 건설된 이유는 아마도 서울의 도시개발이 상당히 진행된 이후에야 전철 선로 건설을 시작했기 때문일 것이다. 이미 건설된 지상의 수많은 빌딩과 도로를 그대로 유지하면서 긴 선로를 설치하는 방법은 지면을 벗어나는 수밖에 없다. 고가도로처럼 도로 위나 땅 아래 지하에 선로를 설치할 수밖에 없다. 그 결과 서울은 지하에 거미줄 같은 전철 노선을 갖게 된 것이다.

서울의 전철 노선이 통과하는 정도의 깊이라면 지하 공간이라고 해서 딱히 위험할 것은 없다. 하지만 지하 깊숙이 들어가면 여러 심각한 문제가 발생한다. 먼저, 지구 표면의 지각에서는 1km 깊이를 내려갈 때마다 약 300기압 정도씩 압력이 커지고, 온도도 20~30℃ 정도씩 높아진다. 만약 지각의 평균 두께인 30km의 $\frac{1}{3}$인 10km 정도의 깊이에 도달하면 그곳은 수천 기압의 압력에 수백 도에 이르는 높은 온도가 된다.

지구 내부의 중력은 지구 중심의 위치에서 0이 된다. 그곳에서 바

라보면 모든 방향이 동등해서 딱히 한 방향으로 움직일 이유가 없기 때문이다. 지구 중심에서 중력은 0이어도 압력은 엄청나게 클 수 있다는 것이 중요하다. 공기가 든 풍선을 두 손으로 꼭 감싸서 누르면 풍선 전체가 어느 방향으로 움직이지 않아도 풍선 안의 압력이 커지는 것과 마찬가지다.

쥘 베른의 『지구 속 여행』에서 그려진 지하 세계의 모습은 현실이기 어렵다. 지구는 우주에 떠돌던 많은 물질이 중력으로 뭉쳐서 만들어졌다. 지구의 형성 과정을 생각하면 빈 공간이 지구 내에 자연적으로 형성될 아무런 과학적 근거가 없다. 또, 혹시라도 먼 미래 인류가 엄청난 과학기술의 힘으로 아주 큰 빈 거주 공간을 지구 중심 부근에 만들어낸다고 해도 해결해야 할 문제가 정말 심각하다. 이 공간이 엄청난 압력으로 붕괴하는 것을 막아야 할뿐더러, 높은 온도로 엄청난 양의 열에너지가 공간 안으로 전달되는 것을 고도의 기술로 막아내야만 하기 때문이다.

  몇 해 전, 1912년에 침몰한 타이타닉Titanic호를 살펴보는 관광 프로그램에 참여한 몇 명이 6미터 정도의 크기인 심해 탐사 잠수정 '타이탄'을 타고 깊은 바닷속으로 내려갔다. 수중 4,000m까지 잠수해도 견딜 수 있을 것으로 알려졌던 이 잠수정은 바닷속으로 들어간 지 1시간 45분 만에 실종되었다. 며칠 후 미국 해안경비대는 타이타닉호로부터 500m 정도 떨어진 곳에서 타이탄 잠수정의 잔해를 발견했다.

  단단한 금속으로 겉을 두르고 그 안에 화약을 두어 점화하면 내부에서 높은 압력이 순간적으로 만들어진다. 금속 껍질이 산산조각이 나면서 밖을 향해 터져 큰 피해를 만들어내는 것이 폭탄의 폭발이다. 폭발을 뜻하는 영어 단어 'explosion'에는 '밖'을 뜻하는 접두어 'ex'가 들어 있다. 이처럼 보통의 폭발은 주로 안에서 밖을 향해 일어나지만, 만약 거꾸로 외부의 압력이 급격히 높아지면 폭발이 안을 향해 일어날 수도 있다. 이런 폭발을 내파iimplosion라고 한다. 미국의 조사팀은 타이탄 잠수정 참사를 조사해서 잠수정이 내파되어 탑승자 전원이 사망한 것으로 추정한다고 발표했다. 이 안타까운 사고 당시 타이탄 잠수정에 밖에서 작용했던 압력은 대략 300기압 정도라고 한다.

  300기압이면 엄청나게 큰 압력이다. 1cm×1cm의 작은 정사각형 위에 물 1리터짜리 페트병 하나를 올렸을 때 페트병이 이 정사각형에 작용하는 압력이 대략 1기압에 해당한다. 300기압이면 같은 사각형 위에 300kg이 올라가 있는 셈이다. 만약 정사각형 크기가 10cm × 10cm라면 1기압은 이 손바닥 정도 크기의 정사각형 위에 1ℓ 페트병이 무려 100개가 올려져 있을 때의 압력에 해당한다. 타이탄 잠수정에 작용한 300기압의 높은 압력은 10cm × 10cm 크기의 면적에 무려 30t의 무게가 작용한 상황에 해당한다. 타이탄 잠수정에 가해진 압력이 얼마나 컸을지 상상이 가는 대목이다. 그런데 앞에서 이야기한 것처럼 땅속으로 10km 들어가면 그곳의 압력은 수천 기압이다. 그런 곳에서 사람이 1기압의 환경에서 살 수 있는 거주 공간을 유지하기란 정말 쉽지 않다. 아주 깊은 지하에 거주 공간을 설치하는 것은 거의 실현이 불가능하다고 할 수 있다.

뉴욕이 가라앉고 있다는 게 사실일까?

고층 건물을 지을 때는 건물을 땅 위에 그냥 올려놓을 수 없다. 건물의 높은 무게를 보통의 지면이 버티기 어려워 반드시 기초 작업을 해야 한다. 이 기초 작업에서 가장 먼저 해야 할 것은 암반층까지 뚫고 들어가 땅속 깊이 높은 기둥을 세우는 것이다. 이런 말뚝을 박지 않으면 단단하지 않은 지반에 건축한 고층 건물은 시간이 흐르면서 점점 아래로 내려가 위험해질 수 있다.

말뚝을 박는 기초 작업은 다른 게 아니다. 만약 누군가가 어디에

고층 건물을 지으려고 한다. 그러면 미리 고층 건물을 올릴 땅을 조사해서 어느 정도 깊이까지 내려가면 단단한 암반이 있는지 파악한다. 그다음 땅을 파고 암반에 닿을 때까지 말뚝을 깊게 박는다. 이렇게 박는 것을 '지지 말뚝'이라고 한다.

단단한 암반 위에 지지 말뚝을 설치하고, 그 위에 건물을 지으면 그 건물은 시간이 지나도 침하할 위험이 거의 없다. 그런데 암반이 너무 깊은 데 존재하는 곳도 있다. 그럴 때는 '마찰 말뚝'을 박는다. 마찰 말뚝은 말 그대로 마찰을 이용해서 건물이 더 아래로 침하하는 것을 막는 말뚝이다.

혹시 '마찰력만으로 건물의 침하를 막는 게 가능할까?'라고 의심할

수도 있다. 그러나 마찰력의 크기는 생각보다 훨씬 클 수 있다. 마찰력이 얼마나 큰지 직접 확인해 보고 싶다면 두꺼운 사전 두 개로 확인할 수 있다. 두꺼운 사전 두 개를 각각 양손으로 잡고 마치 트럼프 카드를 섞듯이 페이지를 스르륵 넘기면서 층층이 겹치게 하고는 둘 중 한 사전을 손으로 잡고 번쩍 들어 올리면. 무거운 사전이라도 아래쪽에 있는 사전이 떨어지지 않고 들어 올려진다. 종이 사이의 마찰력만으로도 무거운 사전에 작용하는 중력을 충분히 이길 수 있기 때문이다. 하지만 마찰 말뚝은 지지 말뚝을 박기 어려울 때에만 이용하는 것이 좋다. 침수나 지반 침강 등의 위험이 여전히 있을 수 있기 때문이다.

우리나라 건축물의 대부분은 단단한 암반 위에 건물을 올리기 때문에 크게 위험하지 않다. 그러나 뉴욕의 경우를 생각해 보면 어느 정도 불안한 게 사실이다. 뉴욕에서 고층 건물이 세워지기 시작한 것은 100년도 훌쩍 넘었다. 요즘에야 건물을 시공하기 전에 여러 탐사 기법을 활용해서 암반이 지하 몇 미터 깊이에 있는지 정확히 확인하고 말뚝의 길이도 미리 정한 다음에 기반 공사를 시작하지만, 100여 년 전에는 지반을 탐사하는 기술이 지금처럼 정밀하지 않았을 것으로 보인다. 따라서 건축가들도 도대체 말뚝을 얼마나 깊게 박아야 암반에 닿을지 직접 박아 보기 전에는 확실히 알기 어려웠을 것이다. 이런 상황에서 암반층이 어디 있는지도 모르고 지지 말뚝을 박다가 아무리 깊게 박아도 말뚝이 암반에 닿지 않으면 어떻게 했을까? 아마 어떤 공사장에서는 어느 정도 깊이에서 지지 말뚝 박기를 멈추고, 그때까지 박은 말뚝이 마찰 말뚝으로 작용하기를 기대하면서 그냥 건물을 올리기 시작했을지도 모른다.

인터넷 검색으로 알아보니 엠파이어스테이트 빌딩을 포함한 주요 건물은 단단한 암반 위에 지지 말뚝을 이용해 세워졌지만, 일부 빌딩은 실제로도 모래와 점토가 섞인 지반 위에 마찰 말뚝을 이용해 건설되었다고 한다. 이렇게 마찰 말뚝으로 기반 공사를 한 건물은 시간이 흐르면서 건물 전체가 가라앉는 위험에 노출될 여지가 있다.

현재 뉴욕의 지반이 침하하는 속도는 1년에 $1\sim2\text{mm}$ 정도라고 한다. 언뜻 생각하면 크지 않은 것 같지만, 이게 10년이 되고, 100년이 되고, 계속 시간이 흐르면 결국에는 큰 문제가 될 수도 있다. 맨해튼 지역에서도 고층 빌딩이 밀집한 지역의 지반 침하 속도가 빠른데 그 이유는 빌딩들의 엄청난 무게 때문이라고 한다. 게다가 기후 위기로 인한 해수면 상승으로 이 지역은 지반 침하와 침수위험이 동시에 발생하고 있다고 한다.

지하 500층도 뚫을 수 있을까?

지하로 구멍을 뚫는 정도라면 얼마나 깊이 팔 수 있을까? 지하 500층 정도의 깊이도 뚫을 수 있을까? 지금 인류가 지닌 기술 수준으로도 충분히 뚫을 수 있다. 그런데 '뚫을 수 있느냐? 없느냐?'와 '왜 뚫어야 하느냐?'는 완전히 다른 문제다. 만약 사람이 거주하기 위한 목적이라면 100m 정도까지는 문제가 전혀 없다. 거주가 아니라 지하로 깊이 내려가는 것 자체가 목적일 뿐이라면 1~2km 정도도 충분히 가능하다.

지하에 만드는 시설로 대표적인 것은 중성미자[neutrino]라는 입자를 측정하고 관찰하는 연구용 시설이다. 우리나라에도 강원도 정선에 '예미랩[Yemi Laboratory]'이라는 지하 실험실이 있는데, 이는 오래된 폐광을 이용해 지하 1km 정도의 고심도에 다양한 실험 장치를 설치한 연구 시설이다. 지하 1km를 건물 층수로 환산하면 약 330층 정도가 된다. 한편 중국에 있는 중성미자 실험 시설은 지표면으로부터의 깊이가 2.4km 정도로 우리보다 더 깊다.

연구용 목적이 아닌 다른 이유로 지하 깊숙한 곳에 만든 시설은 많지 않다. 핵전쟁 같은 재앙에 대비하기 위해 만드는 지하 벙커 정도를 들 수 있을 텐데, 조사해 보니 중국에서 지하 2km 아래에 핵 벙커를 만들었다는 기사를 찾을 수 있었다. 어쨌든 땅속에 연구용 실험실이나 핵 벙커처럼 특수 목적의 시설을 만들고자 할 때, 지하 1~2km까지 내려가는 것은 지금의 기술로 충분히 가능하다고 할 수 있다.

연구 시설도 아니고 핵 위협에 대비한 벙커를 짓는 것도 아닌데 우리의 과학적인 호기심이 지하로 향하는 경우가 있다. 땅속 깊은 곳에는 무엇이 있는지 알고 싶어 시추공[borehole]을 뚫는 게 그것이다. 지질 시료를 채취하거나 지각 구조를 실측하려는 목적으로 내려간 시추 깊이의 신기록은 구소련에서 가지고 있다. '콜라 슈퍼딥 시추공^{Kola} Superdeep Borehole'으로 불리는 이 시추공의 깊이는 약 12km로, 인류가 가장 깊게 뚫은 땅속 구멍이다.

12km면 우리나라에서 가장 높은 고층 빌딩 22개를 거꾸로 세워 놓은 것과 거의 맞먹는 어마어마한 깊이다. 지구의 반지름이 6400km라는 것을 생각하면 지각의 두께 약 30km는 정말 얇다고 할 수 있다. 인간이 뚫은 가장 깊은 시추공의 깊이 12km는 이렇게 얇은 지각의 $\frac{1}{3}$ 정도에 불과할 뿐이다.

물리 법칙으로 풀어보는 문명 스케치

핵전쟁이 일어난다면 지하 몇 층부터 안전할까?

핵전쟁이 일어나 우리가 사는 주변에 핵폭탄이 터진다면 어디로 피하는 게 가장 안전할까? 따질 것도 없이 핵전쟁이 일어났을 때 대피할 수 있는 공간으로 최적지는 지하다. 핵의 위협으로부터 생명과 안전을 지키고자 한다면 아주 깊이 들어갈 필요도 없다. 핵폭탄의 위력에 따라서도 많이 달라질 테니 정확한 추정은 어렵겠지만, 일반적으로 지하 100m 정도만 내려가도 상당히 안전하다.

핵폭탄이 터져도 지하로 들어가면 안전한 이유는 지구의 지각이 핵폭탄으로부터 직접 투과되는 방사선을 대부분 막아주는 차폐막 역할을 하기 때문이다. 핵실험을 지하에서 하는 것도 마찬가지 이유다. 핵폭탄을 땅속에서 터뜨리면 지각이 방사능 유출을 막아 땅 위에 있는 사람들에게 주는 피해를 크게 줄일 수 있다. 현실적으로 핵폭탄의 방사능 피해를 그나마 줄이는 방법은 깊은 지하로 내려가는 것이다. 물론, 이렇게 지하로 내려갈 필요가 없도록 인류가 가진 핵폭탄을 모두 없애는 것이 훨씬 더 좋은 방법일 테지만 말이다.

유독 한국에 반지하가 많은 이유

아무리 보아도 우리나라 서울에는 반지하 건물이 많다. 과도한 인구 집중이 만들어낸 일종의 안타까운 부산물이다. 산업화가 진행되면서 사람들은 서울로 서울로 모여들었고, 서울이라는 한정된 공간에 많은 사람이 모이다 보니 필연적으로 땅값, 집값이 치솟으며 주거 공간이 부족해졌다. 반지하는 부족한 공간에 집중된 인구가 만들어낸 독특한 주거 유형이다.

나 자신도 대학 시절 반지하 방에서 몇 년 동안 살았던 경험이 있다. 솔직히 지금 생각해 봐도 다시 그곳으로 돌아가고 싶은 마음은 전혀 없다. 손바닥만 한 창으로 감질나게 들어오는 햇빛도 그렇지만 당시 가장 견디기 어려웠던 것은 습기였다. 방습을 제대로 하지 않아 심할 때는 벽지를 붙인 풀이 녹아서 벽지가 그냥 떨어져 내렸다. 마치 벽을 타고 물이 줄줄 흘러내리는 것 같은 기분이었다. 이런 반지하 방에 살고 싶은 사람은 없다. 자신의 소득으로 감당할 수 있을 정도의 저렴한 월세방을 구하다 보니, 어쩔 수 없이 이런 곳에 살게 될 뿐이다.

굳이 그림을 그리지 않아도 알겠지만, 반지하는 방에 있는 창의 일부가 건물 바깥으로 도로와 맞닿아 있는 그런 구조다. 그러니 사람들이 걸어가면서 만들어내는 여러 오염 물질이 여과 없이 들어온다. 장마에는 빗물이 창을 통해서 스며들 위험에 노출되며, 창문이라도 열어두면 매연, 황사, 비산 먼지 등으로 탁해진 공기를 그대로 들이마셔야 한다. 젊었을 때 잠깐 살았던 기억만으로 평생을 그런 곳에서 살아가는 사람들의 마음을 다 이해할 수는 없지만, 반지하 형태의 주거 공간이 사라졌으면 하는 마음은 그때나 지금이나 같다. 우리나라

물리 법칙으로 풀어보는 문명 스케치

의 경제 수준이 많이 나아졌으니 정부 주도로 어려운 사람들에게 더 나은 주거 공간을 제공해 반지하 같은 주거 형태는 하루빨리 사라졌으면 하는 바람이다.

한국에 지하도시가 생길 수 있을까?

세계에서 가장 유명한 지하도시를 꼽으라면 튀르키예의 데린쿠유 Derinkuyu 를 들 수 있다. 과거 로마인들과 이슬람인들의 박해를 피하려고 기독교인들이 만들었다는 이 지하도시는 개미굴처럼 땅을 파고 지하 곳곳에 교회와 학교, 우물, 포도주 저장고까지 만들어 작은 마을을 땅속에 옮겨 놓은 것 같았다고 한다. 그러나 이런 지하도시는

여러 조건을 따져볼 때 사람들이 지속적으로 번성할 수 있는 터전이 되기는 어렵다.

핵폭탄으로 인해서 지상의 대부분이 파괴되고, 핵물질로 오염되어 사람이 살 수 없게 된 세상, 기후 위기가 정말 극단적으로 진행되어 땅 위 어디서도 인간이 살 수 없게 된 그런 세상이 온다면 사람들은 어쩔 수 없이 지하로 이주하게 될 수도 있다. 이런 극단적인 상황이 아니라면 사람들이 거주 가능한 지상도시를 떠나 지하도시로 이주하는 미래를 떠올리기는 쉽지 않다. 극단적인 미래에 대비하기 위해 미리 지하 공간에 도시를 건설하는 것은 바람직하지 않다. 재앙을 예단해 지하 공간을 만들고 대피할 궁리를 하는 것보다 차라리 그런 일이 벌어지지 않도록 우리 모두가 힘을 모으는 게 더 낫지 않을까?
인간들이여, 지하로 갈 이유가 전혀 없는 세상을 만들자. 우리 지하로 가지 말고 땅 위에서 살자. 계속……

배를 크게 만들수록
유리한 이유

차에 타면 멀미가 나는데 직접 운전하면 왜 안 날까?

여행을 하다가 갑자기 찾아오는 멀미 때문에 곤욕을 치른 경험이 누구에게나 한 번쯤은 있다. 멀미하는 동안만큼은 그보다 더 괴로운 게 없다. 그렇다면 왜 차나 배를 타면 멀미를 하는 걸까? 신경과학 분야의 연구에 따르면, 우리가 몸으로 어떤 움직임을 만들면 뇌는 먼저 예상 감각을 형성한다. "내가 이렇게 움직이니까 외부의 자극을 곧 이 정도 크기로 느끼겠지?"에 대한 답을 논리적으로 우리 뇌가 추론하는 것은 아니다. 우리가 명확히 의식하지는 못해도 뇌에서는 이런 예측을 끊임없이 이어간다. 우리 뇌는 외부에서 실제로 내 몸에 들어온 감각의 크기를 두고 바로 전에 생성한 예상 감각과의 차이를 계산한다. 우리가 느끼는 감각의 크기는 이 실제 감각의 크기에서 예상 감각의 크기의 뺄셈으로 결정되는데, 이를 확인할 수 있는 간단한 실험이 간지럼이다.

옆에 있는 친구의 겨드랑이를 간지럽히면 대부분은 몸을 비틀며 웃는다. 그런데 직접 자신의 겨드랑이를 간질이면서 웃는 사람은 거의 없다. 바로 위에서 이야기한 예상 감각으로 설명할 수 있는 현상이다. 내가 내 몸을 움직이려고 할 때만 나의 뇌는 예상 감각을 형성하니, 타인이 내 몸을 간지럽힐 때는 우리 뇌는 예상 감각을 형성하지 않는다. 예상 감각을 형성하지 않았는데 타인의 간지럽힘으로 실제 감각이 들어오면 우리 뇌는 실제 감각의 크기를 뺄셈 없이 그대로 받아들인다. 친구가 간지럽히면 우리가 웃는 이유다.

이와 달리 스스로 자기 겨드랑이를 간지럽힐 때, 우리 뇌는 먼저 자신이 겨드랑이에서 느끼게 될 간지러움의 크기를 예상 감각으로 형성한다. 그리고 곧이어 전달된 실제 감각의 크기에서 이 예상 감각의 크기를 빼고 느끼게 된다. 만약 예상이 정확했다면 스스로를 간지럽힐 때 아무런 간지러움을 느끼지 않게 된다는 이야기다. 충분히 예상했던 일이 일어나니 우리 몸은 크게 반응하지 않는 셈이다.

젊어서 친구들과 카드 게임 같은 놀이를 할 때, 이긴 사람이 진 사람 팔뚝을 손가락으로 때리는 벌칙을 부과하고는 했다. 분명 내가 이겼을 때 친구를 살살 때린 것 같은데 친구가 이겨서 내 팔뚝을 때릴 때는 친구가 나보다 더 세게 때리는 것 같아 얄밉게 느껴진 적이 많

물리 법칙으로 풀어보는 문명 스케치

았다. 이것도 간지럼과 마찬가지로 예상 감각으로 설명할 수 있다. 내가 때릴 때는 손가락을 통해 느끼게 될 예상 감각을 내 뇌가 형성한다. 실제로 친구 팔뚝을 때렸을 때 나는 실제 감각에서 예상 감각을 뺀 차이를 인식하니, 나는 친구 팔뚝을 그리 세게 때리지 않았다고 생각한다. 하지만 친구가 내 팔뚝을 때릴 때는 뺄셈을 할 예상 감각이 없으니 친구가 내 팔뚝을 내리친 강도가 더 크게 느껴지게 된다. 그래서 이런 벌칙을 가지고 게임을 하다 보면 시간이 갈수록 서로 이를 악물고 친구의 팔뚝을 강하게 때리는 일이 벌어지곤 한다.

이제 차멀미에 대해 이야기해 보자. 자신이 직접 운전할 때는 멀미를 안 하는 사람이 남의 차에 타면 종종 멀미를 한다. 이것도 예상 감각과 실제 감각의 차이가 크기 때문이다. 운전하는 사람은 진행하는 방향으로 앞에 난 길을 보며 핸들을 조작하여 가속하거나 감속하므로 자동차가 곧이어 어떻게 움직일지 예측할 수 있다. 몸에서 받아들인 감각에서 방금 전 형성한 예상 감각을 뺀 차이를 인식하게 된다. 당연히 미리 형성한 예상 감각이 있으니 외부에서 들어온 감각의 크기를 줄여서 더 약한 자극으로 판단한다. 이것이 아마도 우리가 직접 운전하면 멀미를 잘 하지 않는 이유일 것이라고 나는 생각한다.

그러나 승객은 다르다. 승객은 자동차나 배를 직접 몰지 않으므로 승객의 뇌는 예상 감각을 정확히 형성하기가 어렵다. 결국 실제 감각과의 차이가 커지고, 이 차이로 멀미를 더 심하게 하는 것이라고 생각할 수 있다. 그러니 혹시 다른 사람의 차를 타고 가다가 멀미를 한다면 잠시 운전을 대신 하는 것이 도움이 될 수 있다. 운전 보험에 문제가 없다면 말이다.

한편 '버스를 타게 될 경우 어느 위치에 앉아야 멀미를 덜 할까?'를 설명한 물리학자도 있다. 한국외국어대학교 물리학과 정창욱 교수님이 이 재미있는 주제를 다룬 주인공이다. 정창욱 교수님의 설명으로는 버스를 탈 때 너무 앞이나 뒷자리에 앉는 것은 멀미에 취약할 수 있다고 한다. 버스가 가면서 요철 같은 걸 넘어가게 되는데, 이때 버스의 앞쪽과 뒤쪽일수록 위아래 진동을 많이 느끼게 되기 때문이다. 멀미를 자주 하는 사람이라면 출렁임이 조금이라도 덜한 버스의 중간 정도에 타는 것이 멀미 예방에 좋다.

물리 법칙으로 풀어보는 문명 스케치

물리학자가 생각하는 한국의 교통수단

 가끔은 멀미로 고생하기도 하지만 현대의 교통은 인체의 핏줄같이 중요한 것이다. 교통의 발달이 없었다면 우리 인류가 과연 지금 같은 문명을 이룩할 수 있었을까? 앞으로도 교통수단이 얼마나 개선되고 발달하느냐에 따라 우리 삶의 모습은 획기적으로 달라질 것이 분명하다.

 우리나라의 대중교통은 세계 어느 나라에도 뒤지지 않을 만큼 우수하다. 여러 나라를 여행하며 느꼈던 불편함을 생각하면 서로 다른 교통망의 유기적인 연결 측면에서도, 교통 서비스의 질적 수준에서도, 우리나라는 단연코 대중교통 선진국이다. 우리나라의 높은 교통수단 수준을 잘 보여주는 것이 지하철과 버스가 하나의 시스템으로 연동된 편리한 환승 시스템이다. 신용카드와 스마트폰을 이용한 간편한 전자결제 방식도 뛰어나다.

 얼마 전 대전에서 수원으로 올라오는 무궁화호 기차를 탔는데, 앞에 가던 기차가 작은 고장이 있었는지 20분 정도 연착되었다. 그런데 수원에 도착하니 20분 정도 늦어졌다고 작은 보상을 해주지 뭔가? 똑같은 일을 다른 많은 나라에서 겪었다면 '장거리 이동 기차가 20분밖에 늦지 않았다고? 이번에는 꽤 정확한 시간에 도착했군.' 하며 불만을 떠올리지도 않았을 것 같다.

 지금은 얼마나 달라졌는지 모르지만, 예전에 이탈리아를 방문했을 때 아무런 사전 예고 없이 갈아탈 기차편이 갑자기 취소되어 난감했던 기억이 있다.

KTX가 시속 300km로 달려도 안전한 이유

'KTX' 하면 맨 먼저 떠오르는 것이 빠른 속도다. 빠를 뿐 아니라 안전하고 정확해서 지방에 갈 일이 있을 때 자주 이용한다. KTX는 시속 300km 정도로 달린다. 아니, 이렇게 빠르면 정말 위험하지 않을까?

교통수단이 위험해질 때는 '속도velocity'가 빠를 때가 아니라 '가속도acceleration'가 클 때라는 것이 중요하다. 속도는 나중과 처음 위치 사이의 위치 변화량을 시간으로 나눈 것이고, 가속도는 나중 속도와 처음 속도 사이의 차이를 시간으로 나눈 것이다. 속도가 점점 빨라지거나 점점 느려질 때, 얼마만큼 빨리 빨라지고 느려지는지를 측정하는 것이 가속도다.

뉴턴의 운동법칙 $F=ma$ 에서 알 수 있듯이 힘(F)은 가속도(a)에 비례한다. 열차를 타고 가다 몸이 한 방향으로 휙 쏠리는 힘을 느꼈다면 이는 속도가 아니라 가속도 때문이다. 아무리 빨리 달려도 속도가 변하지 않는다면 가속도가 0이다. 열차 안에서 눈을 감고 있으면 속도를 느낄 수 없다. 우리가 몸으로 느끼는 것은 속도가 아니라 가속도다.

지구는 태양 주위를 초속 30km의 엄청난 속도로 공전한다. 초속

물리 법칙으로 풀어보는 문명 스케치

30km면 서울시청에서 내가 사는 수원의 집까지 1초에 갈 수 있는 어마어마한 속도다. 지구가 이렇게 빠른 속도로 움직인다고 해서 지구 위에 발을 붙이고 사는 우리가 위험에 빠지는 일은 없다. 속도가 일정하기 때문이다. 그런데 만약 지구가 초속 30km로 날아가다가 어느 순간 갑자기 딱 멈추면 어떨까? 이때는 정말 위험하다. 초속 30km면 로켓의 지구 탈출 속도인 초속 11.2km보다 훨씬 크므로 우리 모두는 지구의 중력을 벗어나 우주 공간으로 튕겨 나간다. 몸을 다치는 정도가 아니라, 지구를 벗어나 우주를 떠도는 우주 미아가 된다.

속도가 일정하면 아무리 빨라도 위험하지 않다는 것을 이해했다면, KTX의 시속 300km의 속도 자체도 전혀 두려워할 이유가 없다.

이렇게 빨리 달려도 속도만 일정하게 유지된다면 안전하다. 물론 이처럼 빠른 속도에 도달하려면 정차했다가 출발하거나, 움직이다가 정차할 때 긴 시간이 필요하다. 시간이 길어야 가속도가 작아지기 때문이다. KTX와 같이 빠른 열차의 경우 천천히 가속하고 천천히 감속해야 안전하다. 물론, 열차와 정면충돌하는 것 같은 위급한 상황이라면 빠른 속도가 갑자기 0으로 줄어들면서 엄청난 크기의 가속도를 갖게 되어 아주 위험한 것은 당연하다. 거의 발생하기 어려운 이런 상황이 아니라면, 빠른 속도 자체를 두려워할 이유는 없다. KTX는 아주 안전한 교통수단이다.

KTX에 안전벨트가 없는 이유

안전벨트는 급가속과 급감속 시에 몸이 의자에서 이탈하는 것을 막아주는 안전장치다. 그런데 KTX나 시내버스처럼 가속도가 그렇게 크지 않은 교통수단은 웬만한 상황이 아니면 급가속, 급감속으로 우리 몸이 의자 밖으로 튕겨 나갈 일이 없다. 또한 KTX는 무게가 $400t$이 넘어 다른 물체와 부딪혀도 승객이 좌석에서 이탈할 정도의 큰 충격이 전달되지는 않는다. 이런 이유로 KTX에는 안전벨트를 따로 구비해 놓지 않는다.

열차 탈선 같은 큰 사고가 발생해도 무거운 열차는 큰 관성으로 말미암아 갑자기 딱 멈추지는 못한다. 안전벨트가 없어서 승객이 튕겨

물리 법칙으로 풀어보는 문명 스케치

나가기보다는 객차가 넘어지거나 뒤집히면서 승객이 다칠 확률이 높다. 이런 상황에서는 승객들이 오히려 안전벨트를 착용하고 있지 않아야 탈출이 빠를 수 있다. 따라서 KTX는 안전벨트를 설치하지 않는 대신 열차 내 충격 완화 설비, 비상 탈출을 위한 구조 개선에 더 큰 비중을 두고 설계를 한다고 한다.

기차로 인해 벌어지는 가장 큰 사건은 가끔 뉴스에도 나오는 탈선이나 충돌 사고다. 특히 한 선로에서 기차끼리 정면충돌하는 경우는 그야말로 대형 사고로 번진다. 이는 물리학적으로도 그럴 수밖에 없는데, 똑같은 질량을 갖고 있는 기차가 반대 방향에서 같은 속력으로 정면충돌하면 충격량이 두 배가 된다. 만약 사고가 난 두 기차가 시속 100km로 가고 있었다면 시속 200km로 벽에 부딪힌 것과 같은 셈이다. 물론 철도는 운행의 역사가 길어 선로 배정 같은 시스템이 워낙 잘 정비되어 있고, 구조적으로도 매우 안전해 열차가 탈선하거나 정면충돌하는 일은 거의 없다. 이런 점을 두루 감안하면, KTX에 안전벨트가 없는 이유는 안전벨트가 필요 없기 때문이다. 그만큼 KTX가 안전하다는 의미다.

어떻게 물 위에서 버스가 달릴 수 있을까?

인류는 아주 오래전부터 교통과 운송의 수단으로 물 위에 뜨는 배를 이용했다. 오래전에는 물보다 밀도가 작아서 물에 뜨는 나무를 이용해 배를 만들었지만, 요즘의 큰 배는 엄청나게 무거운 철로 만들어진다. 철은 물보다 밀도가 훨씬 커서 철로 만든 쇠구슬은 곧 물속으로 가라앉는다. 하지만 배의 바깥 부분에만 철을 이용하고 안쪽 공간을 비우면 철로 만든 배도 물 위에 뜬다. 집에서 스테인리스 재질로 만든 밥공기를 물 위에 놓으면 이 원리를 눈으로 확인할 수 있다. 빈 밥공기는 물에 뜨는데, 밥공기 안이 물로 채워지면 곧 가라앉는다. 밥공기를 이루는 겉부분 금속의 밀도가 물보다 훨씬 커도, 밥공기 안이 비어 있으면 전체 밀도는 줄어들기 때문이다.

육지를 달리다가 강을 만나면 물 위를 떠서 움직이는 수상버스는 그래도 참 신기하다. 수상버스의 구조를 살펴보면 물이 버스 내부로

물리 법칙으로 풀어보는 문명 스케치

들어오지 못하도록 겉면이 방수 처리된 점이 일반 버스와 다르다. 또한 바퀴 이외에 다른 추진 장치가 있다는 점도 다르다. 일반 버스는 그냥 엔진으로 회전하는 바퀴만 있으면 된다. 하지만 수상버스가 물에 들어가서 떠 있는 상황에서는 바퀴가 회전해 봐야 앞으로 움직일 수는 없다. 결국 수상버스에는 스크루 프로펠러나 워터젯waterjet 같은 추진 장치를 추가한다. 즉, 수상버스는 육지에서는 바퀴로 움직이고, 물에서는 스크루 프로펠러나 워터젯으로 움직이는 운송수단이다.

크면 클수록 유리한 이동수단, 배

배, 비행기, 자동차, 기차 등 다양한 교통수단이 있지만, 이 중 가장 큰 것이 배다. 먼바다를 항해하는 화물선이나 크루즈(호화 여객선), 그리고 항공모함은 실로 엄청난 크기를 자랑한다. 흥미롭게도 배는 크면 클수록 효율적으로 더 많은 화물과 승객을 운송할 수 있기 때문이다.

물리학의 입장에서 그 이유를 설명해 보자. 먼저 배가 물을 가르고 앞으로 나아가려면 앞쪽에서 배가 가지 못하도록 버티는 물의 저항을 이겨내야 한다. 여기에 필요한 힘은 물과 맞닿아 있는 배 앞부분의 단면적에 비례한다. 손바닥을 펼치고 물살을 정면으로 가르면 물의 큰 저항이 느껴지지만, 같은 손바닥을 90도 회전해서 물에 닿는 부분을 줄이면 물의 저항력이 줄어드는 것에서 알 수 있다.

이제 배를 한 변의 길이가 *L*인 정육면체로 가정해 보자. 배가 커지면 물의 저항을 이겨내고 배를 움직이는 데 필요한 힘은 물을 헤치고 나아가는 정육면체의 앞부분 한 면의 면적인 *L*의 제곱에 비례한다. 한편 배가 얼마나 많은 화물을 실을 수 있는지는 정육면체의 표면적이 아니라 부피에 관련되니 *L*의 세제곱에 비례한다. 가령, 정육면체 모양의 배 길이가 10배로 늘어나면 배를 움직이는 데 필요한 힘은 100배로 늘어나지만, 배에 실을 수 있는 화물의 부피는 무려 1,000배가 된다는 뜻이다. 배의 엔진이 만들어내는 추진력을 100배만 늘려

물리 법칙으로 풀어보는 문명 스케치

도 무려 1000배의 화물을 운송할 수 있다는 뜻이다. 결국, 배는 크면 클수록 상대적으로 훨씬 더 많은 승객과 화물을 효율적으로 운송할 수 있다. 다른 교통수단에 비해 연료를 많이 사용하지 않으면서 원유나 수출입 물품을 대량으로 실어나를 수 있는 것이 바로 배다.

배는 크게 만드는 것이 효율 면에서 더 유리하지만 무작정 크게 만들 수 있는 것은 아니다. 바퀴를 달지 않는 이상 바다나 강바닥에 닿은 채로 운행할 수는 없으므로 배가 커지면 자연스럽게 가라앉는 부분도 더 커져 깊은 바다가 아니라면 항로에 제한이 생긴다. 실제로도 아주 큰 화물선의 경우에는 수심이 얕은 항구에는 댈 수 없다.

상대적으로 느린 속도 등의 단점이 있지만 배는 앞으로 더 중요한 교통수단이 될 것으로 짐작해 본다. 시내버스가 40~50명을 운송한다면, 배의 경우는 크게 만들기만 하면 몇천 명, 몇만 명도 탈 수 있다. 에너지 이용 측면에서 배는 무척 효율이 좋은 교통과 운송 수단이다.

미래에 교통수단은 어떻게 바뀔까?

많은 사람들이 미래에는 비행을 이용하는 교통수단이 떠오를 것이라 이야기한다. 머지않아 택시가 하늘을 날아다니고, 도심형 헬리콥터로 출퇴근하는 날이 올 것이라고 한다. 그런데 나로서는 사람들이 그런 종류의 교통수단으로 이동하는 게 그다지 합리적으로 보이지 않는다. 어떤 교통수단이든 하늘을 나는 데에는 큰 에너지가 필요하다. 하늘을 날게 되면 앞으로 가기 위해 필요한 에너지뿐 아니라, 그 물체를 공중에 띄울 에너지도 필요하기 때문이다. 먼 거리를 이동하는 데 쓰여야 할 소중한 에너지를 앞으로 가기 위한 것이 아니라 그냥 공중에 뜨기 위해 낭비하는 것이 비행이다. 아무리 먼 미래에도 모든 사람이 바퀴로 땅 위를 달리는 교통수단을 버리고 모두 하늘을 날아다니지는 않을 것으로 내가 예상하는 이유다. 또 그런 날이 와서도 안 된다고 생각한다. 에너지를 너무나도 비효율적으로 쓰는 방법이기 때문이다.

지금과 같은 기후 위기의 시대에도 친환경 에너지로 바꾸기 가장 어려운 것도 비행기다. 비행기에 바이오 디젤 등의 친환경 연료를 화석연료와 섞어 쓰기도 하지만, 이것도 궁극적인 해결책이 되기는 어려워 보인다. 미래의 교통수단은 결국 전기 에너지로 교체될 것으로 보인다.

비행기의 문제는 자동차나 배와 달리 전기 에너지를 저장하는 배터리 무게 자체가 큰 부담이 된다는 것이다. 많은 에너지를 저장할 수 있는 아주 가벼운 배터리가 개발되기 전까지 비행기는 전기화를 이루기 가장 어려운 교통수단으로 남을 것이 분명해 보인다.

우리가 비행기를 선호하는 것은 어디든 빠르게 갈 수 있기 때문인데, 최근 이런 장점에 에너지까지 적게 드는 '하이퍼루프Hyperloop'라는 새로운 교통수단이 화제가 되고 있다. 하이퍼루프는 거의 진공 상태의 터널을 만들고 그 안에서 이동수단이 움직이는 미래형 교통수단이다. 터널 안을 진공에 가깝게 만들면 그 안에서 움직이는 모든 것은 거의 저항을 받지 않고 움직일 수 있어서 에너지 손실 없이 빠른 속도를 구현할 수 있다. 자동차를 타고 가다가 차창을 내리고 손바닥을 뻗으면 손바닥에 엄청나게 큰 힘이 느껴지는데, 하이퍼루프 터널 안에서는 그런 힘이 거의 존재하지 않는 것이다.

먼 거리는 아니지만 하이퍼루프는 이미 시험 작동을 하고 있으며, 우리나라에서도 비슷한 아이디어로 시범 운전을 시도하는 것으로 알고 있다. 언제가 될지는 몰라도 이 하이퍼루프가 대중교통으로 자리 잡는다면, 우리는 하늘을 날지 않고서도 시속 1,000km로 원하는 곳에 갈 수 있을 것이다.

서울~부산이 20분 걸리는 꿈의 교통수단

서울에서 부산까지 시속 1,000km로 간다면 그건 정말 놀라운 속도다. 서울역에서 출발해 30분이면 부산역에 도착하니 서울 시내나 부산이나 시간상으로는 거기서 거기가 되는 셈이다. 그렇다면 미래에는 이런 꿈의 교통수단으로 어떤 것이 가능할까?

내게 깊은 인상을 준 꿈의 교통수단은 영화 〈토탈리콜Total Recall〉에 나오는 '더 폴The Fall'이라 불리는 이동 장치다. 더 폴은 지구 중심을 관통하는 터널을 통과해 지구 반대편까지 간다. 현실적으로 구현할 수 있다고 주장하는 건 아니지만, 만약 지구 중심을 관통하는 터널을 뚫었다고 하고, 우리가 그 터널 안으로 뛰어든다면 어떤 일이 벌어질까?

과학 지식이 있는 사람도 어떤 이론을 현실에 적용하면서 간혹 오해하는 게 있는데, 뉴턴의 보편중력 법칙(만유인력의 법칙)law of universal gravity도 그중 하나다. 뉴턴의 보편중력 법칙은 '지구 중심으로부터 중력은 거리의 제곱에 반비례한다'는 것이다. 보통 거리의 제곱에 반비례한다고 하면 지구 중심으로 갈수록 거리가 0에 가까우니까 중력은 무한대가 된다고 생각한다. 그러나 이는 지구 표면 바깥에서의 이야기일 뿐이다. 지구 표면에서 출발하여 지구 안쪽으로 들어가면 중력의 크기는 지구 중심으로부터의 거리에 비례한다. 지구를 관통하는 터널의 입구에는 큰 중력이 작용하고, 지구 중심으로 갈수록 중력이 점점 줄어들다가 정확한 지구 중심에 도착하면 중력이 사라진다는 뜻이다.

이제 지구 중심을 관통하는 터널 안으로 뛰어들어 보자. 어떤 일이 생길까? 먼저 터널 입구에서 지구 중심까지는 지구의 중력이 잡아끌어 점점 떨어지는 속도가 늘어난다. 그리고 중심을 통과한 다음에는 거리에 비례하는 크기의 중력이 움직이는 방향의 반대 방향으로 작용해서 점점 속도가 줄어들게 된다. 지구 반대편 출구에 다다르면 속도가 0이 되면서 자연스럽게 멈추게 된다. 어떠한 에너지도 추가로 사용하지 않고도 오로지 중력의 도움만으로 사람이 지구 반대편까지 훌쩍 갈 수 있다.

그렇다면 지구 반대편까지 가는 시간은 얼마나 걸릴까? 대학교에서 물리학 수업을 할 때 내가 매년 내는 과제다. 계산해 보면 지구 반대편까지 가는 데 걸리는 시간은 38분이다. 터널만 뚫을 수 있으면 우리는 아무런 에너지 소비 없이 38분 만에 지구 반대편에 도달하게 된다. 화석연료나 전기 등 어떤 에너지도 전혀 쓰지 않고도 지구 반대편에 38분 만에 도착한다니, 이것이야말로 인류가 상상할 수 있는 궁극의 교통수단이 아닐까? 물론 앞에서 전제한 것처럼 이것은 상상 회로를 돌려 설계해 본 꿈의 교통수단이지, 현실적으로 실현될 가능성은 지극히 낮다. 무엇보다 지구 중심을 통과해 반대편까지 터널을 뚫는다는 것이 현실적으로 불가능하다.

그렇지만 지구 중심을 정확히 통과하지 않아도 이 아이디어를 이용해 미래에는 획기적인 운송수단을 만들 수 있다. 어떻게 하냐고?

꼭 지구 중심을 통과하는 터널을 뚫지 않아도 된다. 원을 직선으로 비스듬하게 자른 것처럼 터널을 뚫으면 된다. 이렇게 해도 중력을 이용해 한쪽으로 들어가 반대편으로 나올 수 있다. 지구의 중력을 완벽하게 이용하지는 않아도 에너지 소비를 어느 정도 줄이면서 먼 거리를 이동하는 방법으로는 충분히 가능하다.

다만 터널의 중간 지점이 지표면에서는 꽤 깊게 있어야 하고, 두 입구가 상당히 먼 거리에 있어야 한다. 터널이 지표면에 가까이 있다면 중력의 도움을 받기 어렵다. 해결해야 할 문제가 많기는 해도 아주 먼 미래에는 이런 아이디어에 기반한 교통수단이 만들어질 것 같다는 생각이다.

드론으로 택배를 받는 세상

사람을 쓰지 않고서도 원하는 곳에 물건을 배달할 수 있는 드론 drone은 관리나 운영에 많은 인력이 필요하지 않다는 이유로 각광받는 차세대 운반수단이다. 지금도 드론을 이용해서 택배를 주고받는 서비스가 일부 시행되고 있는 것으로 아는데, 이것이 효율적인 방법인지는 생각해 보아야 한다. 하늘을 나는 교통수단에 대한 이야기에서 밝혔듯이 드론을 날린다는 것 자체가 에너지를 많이 필요로 한다. 무거운 화물을 드론으로 운반하는 것은 에너지 사용 입장에서는 아주 비효율적이라는 이야기다.

그럼에도 드론을 이용한 택배 배송 시스템을 갖추고자 한다면 드론의 특성에 맞는 특화된 상품들로 제한해야 할 것이다. 우선 화물이 가벼워야 하고, 그다음엔 드론 운행 비용을 생각하면 무겁고 값싼 상품이 아닌 가볍고 비싼 고가의 상품이어야 할 것이다. 현재도 도시 설계가 잘된 대도시에서는 피자, 도서같이 가벼운 물품을 드론으로 배송하는 서비스가 점차 확대되고 있다.

도로망이 부실한 아프리카 지역에서는 고가의 의약품을 보내는 데 드론이 이용되고 있다. 그러나 나는 먼 미래에라도 드론이 모든 화물, 택배를 배송하기는 어렵고, 그렇게 해서도 안 된다고 생각한다. 강조하지만, 에너지 차원에서 드론 배송은 너무나 비효율적인 방법이기 때문이다.

지금까지 다양한 운송수단에 대해 물리학자로서 가지고 있는 생각과 의견을 담아 보았다. 내용에 따라 어떤 부분은 견해가 다를 수도 있겠지만 개인적인 생각인 만큼 '아, 이런 시각도 있구나!' 하고 이해해주면 좋겠다.

3장

알아두면 약이 되는
내 몸의 물리학

왼손잡이가 절대적으로
유리한 스포츠

오른손잡이와 왼손잡이 중 스포츠에 유리한 쪽은?

이번에는 스포츠에 관련된 과학 이야기를 해볼까 한다. 스포츠라면 보는 것도 하는 것도 좋아한다. 개인적으로는 탁구와 족구를 좋아하는데, 가까운 사람끼리 어울릴 때면 가끔 잘한다는 생각이 들기도한다. 얼마 전에는 주변 젊은 대학원생들과 함께 족구를 하기도 했고탁구도 함께 쳤다. 믿거나 말거나, 그때 함께 운동했던 모든 사람이내가 두 종목 모두 가장 실력이 뛰어나다고 했다. 운동 실력 자랑은이쯤에서 마치고, 스포츠에서 왼손잡이와 오른손잡이 중 어느 쪽이유리한지 알아보자.

절대적이라고 할 수는 없어도 많은 스포츠 종목에서 왼손잡이가

알아두면 약이 되는 내 몸의 물리학

유리하다. 단순한 이유가 있다. 오른손잡이가 왼손잡이보다 많기 때문이다. 예를 들어 만약 한 종목의 선수 열 명 중 한 명만이 왼손잡이라고 생각해 보자. 아홉 명 오른손잡이 선수가 한 명의 왼손잡이 선수와 경기에서 만날 확률은 낮지만 왼손잡이는 늘 오른손잡이와 만나 겨룬다. 결국 왼손잡이는 오른손잡이 상대에 익숙해지지만 오른손잡이 선수는 왼손잡이 선수와의 시합이 낯설 수밖에 없다.

야구팀을 꾸리는 감독은 능력이 뛰어난 선수를 뽑으려고 할 것이 분명하다. 그런데 야구 선수 개인의 능력만을 기준으로 선수를 뽑으면 세상에는 오른손잡이가 더 많으니 그 팀은 오른손잡이 선수가 더 많아지게 된다. 왼손과 오른손에 근본적인 실력 차이가 없다고 가정하고, 만약 전체 인구의 90%가 오른손잡이라면 야구팀의 평균 구성비도 이와 같아질 수밖에 없다. 결국 열 명 중 아홉 명이 오른손잡이인 팀이 만들어진다. 예상컨대 야구팀을 왼손잡이만으로 구성했을 때가 오른손잡이만으로 구성했을 때보다 선수 개개인의 평균 실력은 더 나쁠 것이다.

하지만 야구팀 전체의 승률과 성적은 각 선수 개인의 개별 실력의 단순한 합이 아니다. 예를 들어 모든 팀의 투수 전체가 오른손잡이인 경우, 한 팀에 왼손잡이 투수가 등장하면 이 팀은 상대적으로 유리해진다. 따라서 '우리 팀에 왼손잡이가 더 있으면 좋을 텐데' 하고 생각한 야구팀 감독은 왼손잡이 선수를 늘리려고 할 것이다. 결국 같은 실력이라면 왼손잡이의 가치가 높고, 결국 오른손잡이가 많은 팀의 감독은 다음에는 왼손잡이 선수를 더 뽑게 된다.

야구 중계를 보다 보면 '세상에 왼손잡이 비율이 저렇게 높은가?' 할 만큼 왼손잡이 선수가 많이 나온다. 실제로도 야구팀에서 왼손잡이 비율은 우리 주변에서 볼 수 있는 비율보다 높다. 야구에서는 작전의 유연성과 승률을 고려해서 오른손잡이와 왼손잡이를 적절하게 조합하다 보니 이처럼 일반인과 다른 왼손/오른손 비율을 가진 야구팀이 만들어지게 된다. 다시 말해 야구에서 왼손잡이가 유리한 것은 왼손잡이가 운동 능력이 뛰어나서라기보다는 오른손잡이보다 드물기 때문이다.

왼손잡이가 절대적으로 유리한 스포츠는?

운동선수의 희소성 때문에 스포츠에서 왼손잡이가 유리할 수 있다는 일반적인 이유 말고, 왼손잡이가 정말로 유리한 스포츠 종목이 있다. 바로 배드민턴이다. 배드민턴에서 왼손잡이가 유리한 이유는 경기에 사용하는 셔틀콕shuttlecock 모양에서 나온다. 야구나 축구에서 사용하는 공은 거의 완벽한 대칭을 이룬다. 야구공은 왼손으로 던지든, 오른손으로 던지든 공의 운동에 차이가 없다. 가령 커브를 던지기 위해 공에 회전을 줄 때 오른손잡이라고 해서 왼손잡이보다 더 유리할 리는 전혀 없다.

야구공과는 달리 배드민턴 셔틀콕은 대칭이 아니다. 배드민턴 셔틀콕은 앞쪽에 코르크로 만드는 머리 부분이 있고, 뒤쪽에는 오리나 거위 깃털 16개를 감아 만든 날개가 있다. 이 날개를 구성하는 각각의 깃털은 비스듬한 방향으로 감겨 있다. 셔틀콕이 앞으로 나아가면서 공기와 마주치게 되고, 그로 인해 셔틀콕은 깃털이 감겨 있는 특정 방향으로만 회전 운동을 하게 된다.

문제는 이 깃털의 방향 때문에 왼손잡이 선수가 라켓으로 셔틀콕을 치면 회전 운동이 덜 일어난다는 것이다. 왼손잡이 선수가 라켓으로 배드민턴 셔틀콕을 강하게 때려서 움직이기 시작한 셔틀콕은 전체가 앞으로 나아가는 것에 관련된 운동에너지(이를 병진운동translational motion 에너지라고 한다)와 셔틀콕의 회전에 관련된 회전 운동에너지를

셔틀콕의 구조

코르크 최대 지름 2.8cm

셔틀콕의 뒷면에서 본 회전 방향

무게 5g

길이 7cm

오리, 거위 날개 깃털 사용 1개당 깃털 16개

깃털들이 꽂힌 방향 때문에 셔틀콕은 시계 방향으로 회전해.

슬라이스 샷으로 본 셔틀콕의 회전 방향 비교

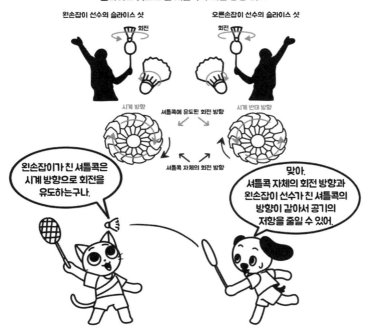

왼손잡이 선수의 슬라이스 샷

회전

오른손잡이 선수의 슬라이스 샷

회전

시계 방향

셔틀콕에 유도된 회전 방향

시계 반대 방향

셔틀콕 자체의 회전 방향

왼손잡이가 친 셔틀콕은 시계 방향으로 회전을 유도하는구나.

맞아. 셔틀콕 자체의 회전 방향과 왼손잡이 선수가 친 셔틀콕의 방향이 같아서 공기의 저항을 줄일 수 있어.

알아두면 약이 되는 내 몸의 물리학

갖게 된다.

두 운동에 관련된 에너지의 총합을 생각하면 회전 운동이 줄면 병진 운동이 늘게 된다는 것을 알 수 있다. 배드민턴에서 셔틀콕의 속도는 오른손잡이가 쳤을 때보다 왼손잡이가 쳤을 때 더 빠르다. 자료를 확인해 보니 실제로 왼손잡이 배드민턴 선수가 친 셔틀콕 속도가 오른손잡이 선수가 친 셔틀콕 속도보다 10% 정도나 더 빠르다고 한다. 또 전 세계에서 랭킹이 최상위인 배드민턴 선수 리스트를 보면, 왼손잡이 선수가 오른손잡이 선수보다 더 많다. 그러니 여러분 중에 누군가 배드민턴으로 성공하고 싶다면 먼저 왼손잡이가 되라. 오른손잡이보다 훨씬 유리하다. 물론 우리가 원한다고 해서 왼손잡이로 쉽게 바꾸기는 어렵겠지만.

축구에서 공을 차는 것보다 더 중요한 것은?

우리나라에서 가장 큰 인기를 끌고 있는 스포츠 종목 중 하나가 축구다. 물리학 관점에서 생각해 볼 수 있는 흥미로운 것이 바로 전통적인 축구공 모양이다. 유심히 살펴보면 정오각형과 정육각형이 이리저리 맞닿아 동그란 축구공의 겉면을 이루고 있는 것을 알 수 있다. 정오각형 12개와 정육각형 20개가 딱딱 모서리를 맞춰 모이면 동그란 축구공이 된다. 이처럼 정해진 수의 정오각형과 정육각형으로 둥근 공을 만들 수 있다는 것은 과거 사람들도 알고 있었다. 그런데 축구공의 기하학적 구조와 관련하여 1985년에 아주 놀라운 물질이 발견되었다. 탄소 원자만으로 구성된 3차원 물질은 그 모양이 축구공과 완전히 똑같다. 탄소 원자 60개로 이루어져 있다고 해서 C60으로 불리는 이 물질은 '풀러렌fullerene'이라는 이름으로 더 많이 알려져 있다.

탄소 원자 60개로 이루어진 분자로 반도체 성질도 가지고 있는 풀러렌을 발견한 세 명의 과학자, 로버트 컬Robert Curl, 해럴드 크로토Harold Kroto, 리처드 스몰리Richard Smalley는 1996년 노벨 화학상을 받았다. 실제 축구공의 약 3억 분의 1 정도의 크기를 가진 물질계의 아주 작은 축구공을 발견했으니, 풀러렌은 과학자들의 축구공인 셈이다.

축구에 관련해서 물리학으로 생각해 볼 수 있는 또 하나의 재미있는 현상은 일명 '바나나킥'이다. 축구 선수들은 공기 중에서 마술처럼 경로가 휘도록 공을 차서 득점하곤 한다. 실제 공이 날아가는 모습을 보면, 정말 신기하기 짝이 없다. 상대팀 골키퍼가 공이 골대의 어느 쪽으로 도달할지 예측하기 어려울 정도로 크게 공이 휠 때도 있다. 물리학자의 눈에도 여전히 신기해 보이는 것은 사실이지만, 당연히 어떤 마법이 아닌 과학의 결과다. 앞으로 나아가는 축구공은 회전에 의해서 주변 공기의 영향을 받고 이로 말미암아 공에는 한쪽 방향으로 힘이 작용하기 때문이다.

1852년 독일의 물리학자 하인리히 마그누스Heinrich Magnus는 회전하면서 날아가는 물체의 궤적이 한쪽으로 휘는 문제를 연구했다. 바로

알아두면 약이 되는 내 몸의 물리학

'마그누스 효과'라고 부르는 흥미로운 현상이다. 물리학에서는 마그누스 효과를 뉴턴의 3번째 운동법칙인 작용―반작용의 법칙으로 설명한다. 내가 벽을 손으로 밀면 벽도 내 손을 반대로 미는 것이 작용―반작용 법칙의 예다.

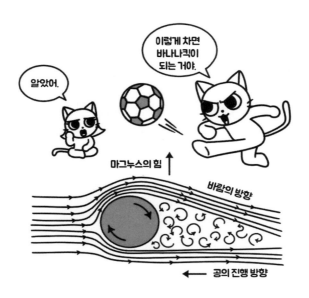

위 그림처럼 시계 방향으로 회전하는 공이 오른쪽에서 왼쪽으로 날아가는 상황을 생각해 보자. 공의 입장에서는 바람이 공이 움직이는 방향과 반대로 왼쪽에서 오른쪽으로 불어오는 셈이다. 따라서 공의 윗부분에서는 바람의 방향과 공의 윗면이 움직이는 방향이 같고, 공의 아랫부분에서는 두 방향이 서로 반대가 된다.

먼저 공의 윗면과 바람 사이에는 힘이 작용한다. 이 힘으로 말미암아 공기의 흐름이 아래로 휘게 된다. 그림에서도 공이 날아가는 방향의 뒤쪽에서 바람의 방향이 아래로 휜 것을 볼 수 있다. 한편 그림에서 볼 수 있듯이, 회전하는 공의 아랫부분에서는 그 효과가 그리 크지 않다. 결국 공의 윗부분에서는 공이 공기를 아래로 잡아당기는 힘이 작용하는데, 뉴턴의 작용—반작용 법칙에 따라서 공기도 공에 반대 방향의 힘을 작용하게 된다. 바로 이 힘이 마그누스 효과를 만들어낸다. 옆의 그림처럼 시계 방향으로 회전하면서 왼쪽으로 날아가는 공에는 위 방향의 힘이 작용하게 되어서 공의 진행 경로가 위를 향해 꺾이게 된다.

축구공의 회전도 마찬가지다. 만약 공을 왼쪽으로 휘어지게 하고 싶다면 축구공의 오른쪽을 강하게 차서 회전을 만들어주면 된다. 이것이 일명 '바나나킥'이고, 축구 좀 아는 사람은 '감아차기'라고 부르는 기술이다. 골대에서 조금 먼 곳에서 슈팅을 하거나 코너킥, 페널티킥을 찰 때도 자주 볼 수 있는, 휘어지며 날아가는 축구공은 이렇게 공의 회전과 공기가 만들어내는 과학의 결과인 셈이다.

축구에 무회전 킥이 있다면, 야구에는 '너클볼'이라는 변화구가 있다. 우리나라에서 프로야구가 처음 시작됐을 때 박철순 투수가 던져서 유명해진 변화구다. 축구공이든 야구공이든 회전이 거의 없는 공이 움직이면서 공의 경로가 불규칙적으로 휘어지는 이러한 효과를

'너클링 효과^{knuckling effect}'라고 부른다.

축구공이 느리게 진행할 때는 공 주위 공기의 흐름이 유체역학의 층류^{laminar flow} 형태로 부드럽게 흐르는 모양이 된다.

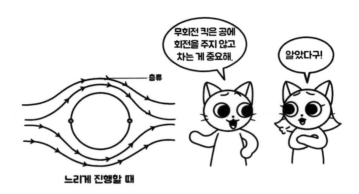

점점 공이 빨라지면 빠르게 흐르는 시냇물에서 바위 뒤에 소용돌이가 생기는 것과 같은 난류^{turbulent flow}가 만들어지게 된다.

그림에서 볼 수 있듯이, 이때 공 앞쪽에서 층류로 시작한 바람은 공 뒤로 진행하면서 둘로 나뉘어 일부가 공 뒤쪽에 소용돌이를 만들어낸다. 소용돌이가 만들어지면 움직이는 공에 작용하는 공기의 저항력이 줄어들어서 공은 소용돌이가 있는 방향으로 힘을 받게 된다고 한다. 회전이 없는 공의 경우, 공에 흐르는 공기의 어느 쪽에서 먼저 소용돌이가 만들어지는지는 규칙적이 아니라 그때그때 무작위적으로 정해진다는 것이 중요하다. 결국 똑바로 찬 무회전 공은 앞으로 나아가면서 상하좌우 흔들흔들하는 불규칙한 움직임을 보이게 되어서, 골키퍼가 무회전 킥을 막아내는 것이 무척 어렵게 된다.

2016년의 한 연구 논문에 따르면 야구공의 너클링 효과는 약 28~36m/s, 축구공의 너클링 효과는 20~25m/s의 속도에서 생긴다. 보통 야구와 축구에서 공의 속도가 다른 것을 생각하면, 야구공의 너클볼 변화구는 공의 속도가 좀 느릴 때, 그리고 축구의 무회전 킥은 속도가 빠른 편일 때 만들어진다는 것도 흥미롭다.

이런 공이 실제 경기에서 날아온다고 생각해보자. 과학적으로야 축구공 뒷부분에 번갈아 소용돌이가 만들어지면서 축구공이 흔들린다고 설명하면 되겠지만 공을 막아내야 하는 골키퍼의 입장에서는 미친 듯이 날뛰는 럭비공을 잡아내라는 것과 다를 게 없다.

축구공에 강한 회전을 주어 공이 휘어지도록 만드는 바나나킥. 반대로 아예 공에 회전을 주지 않아 이리저리 흔들리도록 유도하는 무회전 킥. 둘 다 과학적인 메커니즘이 어느 정도 밝혀진 축구 기술이다. 그러나 공의 움직임을 적절히 조절하여 수비수나 골키퍼를 곤란하게 만드는 이 기술은 아무나 쓸 수 있는 게 아니다. 과학 원리를 잘 안다고 이러쿵저러쿵 떠드는 선수보다 오랜 노력과 훈련으로 공을 자유자재로 통제하고 조절할 수 있는 선수만이 이런 기술의 소유자가 될 수 있다.

나는 중학교 때까지는 축구를 좋아하고 친구들하고도 정말 많이 뛰었다. 그런데 언젠가 축구하다가 공에 세게 맞아 엄청 아팠던 기억이 있다. 그 사건 이후 어느 순간부터는 공격수가 나를 향해 다가오면서 슛을 하는 시늉만 해도 자꾸 몸을 사리게 되었고, 축구와는 큰 인연을 쌓지 못했다. 직접 하지는 못하지만 축구 경기를 보는 건 누구보다도 좋아한다. 여러분도 다음 축구 경기에서 바나나킥과 무회전 킥을 볼 때, 앞서 소개한 물리학을 떠올려보기를 바란다.

양궁할 때 줄이 코와 입술에 닿게 하는 이유

양궁 선수의 경기 모습을 보면 시위를 당겨 활줄을 얼굴 한가운데에 정확히 닿게 한 이후 활을 쏘는 선수가 많다. 여성 선수의 경우에는 경기를 계속 진행하면서 활줄이 닿았던 자리만 화장이 지워져 얼굴에 자국이 남기도 한다. 금메달을 딴 우리나라 선수의 얼굴에는 정확히 딱 한 줄만 남은 것이 매우 인상적이었다. 매번 시위를 당길 때마다 정확히 같은 얼굴 위치에 활줄이 닿았다는 것을 뜻하기 때문이었다.

양궁 선수가 얼굴 한가운데에 먼저 활줄을 대고 화살을 쏘는 이유는 무엇일까? 그렇게 한다고 해서 화살이 더 똑바로 날아가는 것도 아닐 것 같은데 말이다. 양궁에서는 활시위를 당기는 드로잉drawing, 활을 당긴 손을 턱이나 볼에 대고 정확하게 겨냥하는 앵커링anchoring, 표적을 조준하는 에이밍aming 단계를 거쳐서 화살을 쏘게 된다. 이 중 앵커링은 고도의 집중력이 필요한 단계다.

만약 앵커링 단계에서 화살을 잡아 시위를 당긴 손과 활줄 전체가 얼굴에서 떨어져 공중에 있다면 어떨까? 당연히 이렇게 하면 매번 정확히 같은 방식으로 활시위를 당기는 것이 어렵다. 따라서 선수들은 자연스럽게 코와 입술 부근에 활줄을 닿게 한다. 선수들의 얘기를 들어보자.

"그건 정확성을 높이는 방법이에요. 양궁 선수들은 화살을 과녁에 조준할 때 활시위를 항상 같은 위치에 고정하는 연습을 해요. 이 위치가 조금만 바뀌어도 화살이 엉뚱하게 날아가거든요. 활시위를 고정하는 건 순전히 감각인데, 코와 입술에 대는 게 가장 확실해요. 코와 입술은 감각이 예민하고, 얼굴 중심에 위치해 화살을 정확하게 조준할 수 있어요."

훈련 때 이렇게 연습한 양궁 선수들은 시합에 나가서도 활을 쏠 때의 감각을 정확히 같게 유지하려고 노력한다. '그냥 연습 때 하던 대로만 하면 최고다'라고 모든 스포츠 선수가 말하듯이 실제 시합에서 정확히 연습 과정과 같은 방식을 이용해야 자신의 실력을 제대로 보여줄 수 있다. 익숙하지 않은 경기장 환경에서 실제 시합을 하다 보면 선수는 더 긴장하고 손도 떨릴 수 있다. 기나긴 연습 과정을 거치며 '활줄의 어느 부분이 코의 어디에 닿고, 입술의 어디를 지나서, 턱의 어느 부분에 맞춰졌을 때 쏘면 화살이 과녁 중앙에 정확히 꽂혔어'라는 것을 알게 되고, 실제 시합에서는 연습 과정에서의 느낌과 같은 방식으로 활줄을 당겨 조준하고 화살을 쏘게 된다.

만약 양궁 선수에게 활시위를 얼굴에 대지 말라고 하면 어떨까? 한 손으로 활대를 잡고 다른 손으로 활시위를 힘껏 당기려면 꽤 큰 힘이 필요하다. 사람의 근육은 이렇게 큰 힘이 작용하는 경우 곧 피로를 느껴 손이든 팔이든 떨리게 마련이다. 경기를 계속할수록 체력도 차츰 떨어지니 매번 똑같은 자세로 화살을 쏘는 것이 무척 어렵게

된다. 활시위를 얼굴에 대면 안정된 자세를 잡는 데 분명 도움이 될 것이다. 양궁 선수가 활시위를 얼굴에 가져다 대는 것은 연습하면서 익힌 감각을 시합에서도 똑같이 유지하고, 활을 쏘기 전에 안정된 자세를 유지해 높은 점수를 얻는 데 도움이 되기 때문이다.

수영장에서 가장 유리한 레인은 어딜까?

수영 경기에서 선수는 자신에게 배정된 '레인lane' 안에서 움직인다. 도로를 의미하는 영어 단어 레인은 '좁은 울타리가 있는 도로'를 뜻하는 게르만어 'laan'이 어원이라고 한다. 규정에 따르면 국제 경기가 진

알아두면 약이 되는 내 몸의 물리학

행되는 수영장에는 각각의 폭이 2.5m인 여덟 개의 레인이 있어야 한다. 그리고 양쪽 끝인 1레인과 8레인 바깥 부분은 수영장 벽으로부터 최소한 0.5m의 거리를 두어야 한다는 규정도 있다. 대부분의 국제 경기장은 열 개의 레인을 설치하며, 결승전처럼 중요한 경기에서는 양쪽의 두 레인을 비워서 중간의 여덟 개 레인을 쓴다.

결승전에 진출한 여덟 명의 수영선수에게 레인을 어떻게 배정하는 것일까?

결승전 이전의 경기에서 기록이 가장 좋았던 순서로 1레인, 2레인, 3레인……처럼 배정하지는 않는다. 예선에서 가장 뛰어난 성적을 거둔 1등을 4레인에, 2등은 5레인, 3등은 3레인의 방식으로 성적이 좋았던 선수들이 가운데 레인에 우선 배정되고, 7등과 8등 선수는 양쪽 끝에 있는 1번과 8번 레인에 배정된다. 1번부터 8번 레인까지 배정된 선수의 순위를 적으면 7등—5등—3등—1등—2등—4등—6등—8등의 순서가 된다. 예선 성적이 하위권인 7등과 8등이 바깥 레인인 1번과 8번 레인에 배정되고 예선 성적이 상위권인 1등, 2등, 3등은 각각 중앙 부분인 4레인, 3레인, 5레인에 배정된다.

만약 수영장의 여덟 개 레인 중 좋은 기록을 내기에 가장 유리한 레인이 있다고 가정해 보자. 결승전에서는 이 레인에 예선 성적이 가장 좋았던 선수를 배정해야 할까, 아니면 기록이 나빴지만 아슬아슬하게 겨우 결승전에 진출한 선수에게 이 유리한 레인을 배정해야 할까?

예선 성적이 좋지 않은 선수에게 유리한 레인을 배정하면, 예선에서 선수들이 좋은 기록을 내려고 노력하지 않을 것을 짐작할 수 있다. 따라서 가운데 부분의 레인에 예선 성적이 좋은 선수들을 배정하는 이유는 바로 이 레인들이 좋은 기록을 내기에 유리하기 때문이라는 것을 쉽게 짐작할 수 있다. 그리고 1레인과 8레인처럼 양 끝의 레인이 불리한 점이 있다는 것도 아울러 짐작할 수 있다. 과연 사실일까?

수영장은 수조처럼 네모난 구조물에 물을 담아 놓은 것이다. 그래서 수영하는 선수가 물 표면에 충격을 주면 물결이 생기고, 이 물결은 수영장 벽까지 진행한 다음에 반사되어 돌아오게 된다. 바깥쪽 레인에 있는 선수는 반사되어 오는 물결이 움직임을 방해할 여지가 있다.

그럼 수영장 안쪽 레인은 어떤 점이 유리할까? 만약에 왼쪽 끝 레인에서 수영을 한다고 생각해 보자. 이 경우에는 수영장의 반대쪽인 오른쪽 끝에 있는 선수가 나보다 앞서 있는지, 뒤처져 있는지 파악하기가 쉽지 않다. 수영장 한가운데인 4번 레인에서 수영을 한다면 자신의 왼쪽과 오른쪽을 모두 볼 수 있어서 경쟁하는 선수들이 앞서고 있는지 뒤처져 있는지를 파악하는 것이 쉽다. 즉, 다른 경쟁 선수들의 현재 위치와 속도를 파악할 수 있다는 면에서 4번 레인은 유리한 점이 있다고 할 수 있다.

'수영장 벽에 의해 반사된 물결로 바깥쪽 레인의 선수는 정말 방해를 받을까?'라는 점도 물리학자의 호기심에서 생각해 볼 수 있다. 수영장에서 한 선수가 만든 물결은 약 초속 1m의 속도로 퍼져나간다고 한다. 한편, 뛰어난 수영 선수들이 앞으로 나아가는 속도는 초속 3m 가 조금 안 되는 것으로 알고 있다. 바로 옆 레인의 선수가 만든 물결 이 수영하는 나에게 전달되는 시간을 대충 추정해 보자. 레인의 폭 은 2.5m이므로 나와 옆 선수 모두 레인의 한가운데에서 수영을 하고 있다고 가정하면, 옆 선수가 만든 물결이 나에게 전달되는 시간은 약 2.5초 정도다. 그리고 이 정도의 시간이 흐르면 나는 이미 6~7m쯤 전진해 있다. 즉, 수영 경기에서 옆 선수가 만든 물결 때문에 다른 선 수가 특별히 불리해지기는 어렵다는 결론에 이르게 된다.

하지만 1번과 8번 레인이 만약 수영장 벽에 아주 가깝다면 이 두 레인에서 수영하는 선수에게는 불리한 점이 있을 수 있다. 자신이 만 든 물결이 반사되어 다시 돌아와서 방해를 받을 수 있다. 국제 규정에서 1레인과 8레인을 벽에서 최소한 0.5m의 거리를 두도록 한 것, 그리고 열 개의 레인을 설치하고 결선에서는 양 끝의 레인을 비우는 이유를 짐작할 수 있다. '물결의 영향 때문에 4번이 유리하다'는 주장에는 개인적으로는 고개를 좀 갸웃하게 된다.

골프에 숨어 있는 과학 원리

나는 골프를 치지 않지만 요즘 골프는 많은 사람이 즐기는 인기 있는 스포츠다. 골프를 직접 치지 않는 사람도 경기 중계를 보면 골프채로 때린 골프공이 정말 멀리 날아간다는 것을 알 수 있다. 손으로 골프공을 잡아 팔을 휘둘러 던지는 것보다 골프채로 때린 골프공은 어쩜 그리 멀리 날아갈까?

골프공이 멀리 날아가는 이유를 설명하기 전에 먼저 가만히 놓인 무거운 볼링공에 탁구공을 빠르게 던지는 상황을 머릿속에 떠올려 보자. 탁구공을 던져 보았자 볼링공은 거의 움직이지 않는다. 볼링공이 탁구공보다 무척 무겁기 때문이다. 탁구공과 볼링공 사이의 충돌에서 전체 운동에너지가 변하지 않는 탄성 충돌을 가정하면, 시속 100km 속도로 볼링공에 충돌한 탁구공은 거의 같은 속도인 시속 100km로 다시 튕겨 나오게 된다.

자, 이제 골프 얘기로 돌아가서 내가 골프채 머리에 앉아 있는 파리라고 생각해 보자. 골프채의 머리가 빠르게 골프공을 향해 다가오는 상황을 골프채에 앉아 있는 파리는 어떻게 보게 될까?

골프채 머리에 앉아 있는 파리의 경우, 자신은 가만히 정지해 있고 땅에 놓인 골프공이 자신을 향해 빠른 속도로 다가와 충돌하는 것을 보게 된다. 한편 골프채 머리 부분은 골프공보다 훨씬 무겁다. 따라서 바로 앞에서 설명했던 대로 정지한 무거운 볼링공에 빠르게 날아와 충돌하는 탁구공과 거의 같은 상황이 된다. 무거운 볼링공에 가벼운 탁구공이 시속 100km로 부딪히면 같은 속도로 튕겨 나가는 것을 이해했다면, 골프채 머리와 시속 100km의 속도로 충돌한 골프공도 마찬가지로 시속 100km 속도로 튕겨 나온다는 것을 알 수 있다. 물론 골프채 머리에 앉아 있는 파리가 보는 충돌 후 속도 얘기다.

다음에는 이 장면을 골프장 잔디밭에 가만히 서 있는 캐디의 입장에서 생각해 보자. 골프채 머리에 앉은 파리가 본 충돌 후 골프공이 시속 100km 속도로 움직인다면, 캐디가 본 골프공의 속도는 어떻게 될까? 이 상황은 시속 100km로 움직이는 자동차에 탄 사람이 차의 진행 방향으로 시속 100km로 공을 던졌을 때, 땅에서 가만히 정지한 사람이 보는 공의 속도를 묻는 것과 정확히 같다는 것을 알 수 있다. 시속 100km로 움직이는 차에서 본 공의 속도가 시속 100km라면 정지한 사람이 본 공의 속도는 당연히 둘이 더해져서 시속 200km가 된다. 마찬가지다. 골프장 캐디의 눈에는 골프채에 맞은 골프공이 시속 200km로 날아가는 것으로 보이게 된다. 따라서 우리가 손으로 골프공을 던지면 시속 100km에 불과하다고 해도 같은 속도로 골프채를

휘두르면 골프공은 시속 200km로 날아간다. 바로 이 이유로 골프채로 골프공을 치면 상당히 먼 거리를 보낼 수 있는 것이다.

골프공에 관련된 과학이 더 있다. 바로 골프공이 '딤플dimple'이라고 부르는 오톨도톨한 요철로 표면이 가득 덮여 있는 이유다. 앞에서 축구의 무회전 킥을 설명할 때 이야기한 공 뒤의 난류 발생이 골프공의 딤플과 관련된다. 바람이 층류의 형태로 균일하게 흐를 때보다 공의 뒷면에서 난류가 만들어져 소용돌이가 있을 때, 바람이 공에 작용하는 공기 저항력의 크기는 줄어든다. 골프공의 요철은 공기의 흐름을 교란해서 더 많은 소용돌이를 골프공 뒤에 만들어서 공기 저항력을 줄이고, 공을 더 멀리 나아가게 하는 데 도움이 된다. 야구에서도 투수가 야구공을 땅바닥에 긁어서 흠집을 내어 던지면 더 빠른 투구를 할 수 있다고 한다. 투수가 이 행위를 하는 것은 야구에서 부정행위로 간주되어 금지되어 있다.

야구 선수가 홈런을 쉽게 치는 비결

골프에 이어 다음에는 야구를 생각해 보자. 내가 시속 100km로 움직이는 야구 배트에 앉아 있는 파리라고 다시 상상해 보자. 배트 위에 앉아서 시속 100km로 날아오는 야구공을 보고 있다. 골프공은 정지해 있었지만 지금 야구공은 움직이고 있기 때문에 파리의 눈에는 야구공이 시속 200km로 자기를 향해 날아오는 것으로 보인다. 시속 100km로 운전하면서 반대편 차선에서 시속 100km로 달려오는 차를 보면, 마치 내차는 정지해 있고 반대편에서 다가오는 차가 시속 200km로 나를 향해 다가오는 것으로 보이는 것과 정확히 같은 상황이다.

이제 시속 200km로 날아온 공이 배트에 맞는다. 그러면 야구 배트에 앉아 있는 파리의 눈에는 공이 시속 200km로 와서 시속 200km로 튕겨 나가는 것으로 보인다. 그렇다면 이걸 땅에 가만히 정지해 있는 포수는 어떻게 볼까? 시속 100km로 움직이는 야구 배트 위의 파리가 볼 때 공이 시속 200km로 날아간다면 멈춰 있는 포수의 눈에는 공이 시속 300km로 날아가는 것으로 보인다. 놀랍지 않은가?

시속 100km로 휘두르면 골프공은 시속 200km로 날아가고, 시속 100km로 다가오는 야구공을 시속 100km로 휘두른 배트로 때리면 야구공은 시속 300km로 날아간다는 결론을 얻었다. 하지만 에너지 손실이 전혀 없는 탄성 충돌을 가정했고, 공기의 저항도 무시했으며, 골프채 머리가 골프공보다 아주 무겁고, 야구 배트가 야구공보다 아주 무거운 극단적인 상황을 가정해서 얻은 결과다. 현실과는 다른 가정으로 얻은 결과지만 이를 이용하면 실제 현실 상황도 어느 정도 설명할 수 있다. 빠른 공일수록 야구 배트에 맞은 다음 날아가는 속도도 빨라서 실제 야구 경기에서 홈런은 느린 커브보다 빠른 직구에서

알아두면 약이 되는 내 몸의 물리학

더 자주 나온다. 또 강속구 투수가 느린 공 투수보다 홈런을 자주 허용하는 것도 마찬가지 이유다.

지금까지 설명했듯이, 야구에서 홈런은 왜 직구에서 많이 나오는지, 골프공은 어떻게 해서 그렇게 멀리까지 날아가는지, 배드민턴은 왜 왼손잡이가 유리한지를 물리학의 관점에서 어느 정도 이해할 수 있다. 우리가 즐기는 스포츠를 물리학 원리로 다양하게 설명할 수 있다는 것이 무척 신기하지 않은가? 다음에 스포츠 경기 중계를 보면서 관련된 물리학 원리도 함께 떠올려 보기를 권한다. 과학의 눈으로 보면 더 재밌다.

키가 큰 사람이
날씬해 보이는 이유

신체는 정말 타고나야 할까?

사람의 신체, 그중에서도 키는 유전적 요인과 환경적 요인이 함께 영향을 미친다. 20세기 중반 정도만 하더라도 우리나라 사람들의 평균 키는 유럽이나 미국인에 비해 꽤 작았다. 그런데 지금은 우리나라 남녀의 평균 키가 과거보다 꽤 늘어났다. 100년도 안 되는 기간 안에 우리나라 사람들의 유전자가 변했을 가능성은 그리 크지 않으므로 아무래도 환경적인 요인이 큰 역할을 했을 것이 분명하다. 경제 수준이 높아지면서 충분한 음식을 섭취할 수 있게 되어 영양 상태가 좋아지고 단백질 섭취가 늘어났기 때문이다.

유전적 요인이 그리 다를 리 없는 남북한의 평균 키가 다른 것도

마찬가지 이유다. 영양 섭취 등의 환경적 요인뿐 아니라 유전적 요인
도 물론 키에 큰 영향을 미친다. 개개인의 키를 비교하면 얼마든지
예외가 있겠지만, 현재 우리나라 남성의 평균 키는 북유럽 남성들의
평균 키보다 여전히 유의미하게 작다. 현재보다 더 충분한 영양분이
공급된다고 해서 우리나라 사람들의 평균 키가 북유럽 사람들보다
더 커지기는 어려워 보인다.

우리나라 사람들의 영양 상태가 점점 개선되어 오면서 요즘에는
영양 부족이 아니라 거꾸로 과체중과 비만을 걱정하는 사람들이 늘
어났다. 체중이 늘어나고 뱃살도 나와서 사람들의 모습도 바뀐다. 사
람의 키와 몸무게에는 적절한 관계가 있을까? 그리고 사람이 아닌
다른 동물은 몸길이와 무게 사이에 어떤 관계가 있을까? 나도 흥미
를 느껴서 연구를 진행했던 주제다.

키 큰 사람이 날씬해 보이는 이유

세상에서 가장 큰 물고기는 무엇일까? 그건 낚시꾼이 놓친 고기
다. "이게 내가 잡은 대물이야. 어마어마하지?", "어허, 그게 대물이
면 내가 잡은 건 고래다!" 낚시꾼들의 과장이 심한 건 다 아는 사실이
기는 해도 자기가 잡았던 물고기 사진까지 꺼내 보이며 자랑하는 건
낚시꾼들의 세계에서는 국룰이다. 그런데 사진을 보여주면서 큰 물
고기를 잡았다는 낚시꾼의 허풍이 통하는 이유가 있다. 크고 작은 두

물고기를 놓고 따로따로 독사진을 찍은 다음 두 사진을 비교하면, 어떤 물고기가 더 큰지 두 사진을 나란히 놓고 봐도 판단하기 어렵다. 물고기 크기가 달라도 모습의 차이는 크지 않기 때문이다. 물고기가 아닌 동물의 경우에는 크기가 달라지면 모습이 달라지는 것일까?

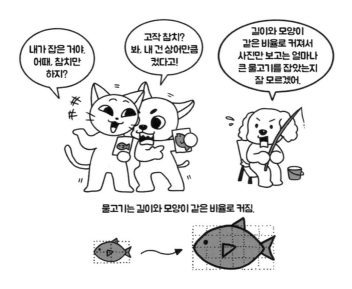

물고기는 길이와 모양이 같은 비율로 커짐.

크기와 모습의 관계를 과학적으로 고민해 연구한 첫 번째 과학자가 바로 갈릴레오다. 모두 들어서 알고 있는 것처럼 갈릴레오는 지동설을 주장하는 책으로 재판을 받고 연금 상태에 놓이게 된다. 말년에 갈릴레오가 출판한 책이 『새로운 두 과학』이다. 우리말로도 번역되어 출판되었다.

알아두면 약이 되는 내 몸의 물리학

그는 이 책에서 '면적은 길이의 제곱에 비례하고 부피는 길이의 세 제곱에 비례한다'는 '갈릴레오의 제곱—세제곱 법칙Square-cube law'을 제 시한다. 정사각형의 가로와 세로의 길이를 각각 두 배로 늘이면 전체 면적이 네 배가 되고, 정육면체의 가로, 세로, 높이를 각각 두 배로 늘이면 전체 부피가 여덟 배가 된다는 것으로, 우리 모두 어린 시절 수학 시간에 배운 바로 그 내용이다.

갈릴레오의 제곱—세제곱 법칙만으로도 우리가 이해할 수 있는 것 이 많다. 갈릴레오는 자신의 책에서 "큰 강아지 몸속에 들어 있는 뼈 는 작은 강아지 몸속에 들어 있는 뼈와 같은 모습일까?"를 묻고는 찬 찬히 그 답을 논리적인 과정을 거쳐서 알아낸다.

갈릴레오의 결론은 "큰 강아지 몸속에 들어 있는 뼈는 작은 강아지 몸속에 들어 있는 뼈보다 더 굵어야 한다."는 것이다. 왜 그럴까? 강 아지나 사람이나 많은 동물의 몸에는 뼈가 있다. 뼈가 하는 역할 중 가장 중요한 것은 바로 몸무게를 버티는 것이다. 뼈는 어느 정도의 몸무게를 버틸 수 있을까?

2장에서 초고층 건물의 특징을 설명할 때 이야기한 것처럼 동물의 다리뼈가 버틸 수 있는 무게는 뼈의 단면적에 비례한다. 이를 이용해 서 갈릴레오가 이야기한 큰 강아지와 작은 강아지의 몸속에 들어 있 는 뼈를 생각해 보자. 계산의 편의를 위해서 큰 강아지의 키가 작은 강아지의 키보다 10배 큰 경우를 생각해 보자. 몸무게는 부피에 비례 하고, 갈릴레오의 제곱—세제곱 법칙에 따라 부피는 강아지 키의 세

제곱에 비례하므로, 큰 강아지의 몸무게는 작은 강아지 몸무게의 무려 1,000배가 된다.

한편 큰 강아지 몸속에 들어 있는 뼈의 단면적도 면적이어서 갈릴레오의 제곱–세제곱 법칙에 따라, 작은 강아지 몸속 뼈의 단면적의 100배가 된다. 결국 결론은, 만약 큰 강아지 몸속의 뼈나 작은 강아지 몸속의 뼈나 크기(길이)는 달라도 모습이 같다면 큰 강아지는 1000배나 늘어난 몸무게를 100배밖에 단면적이 늘지 않은 뼈로 버텨야 하는 상황에 처하게 된다. 앞에서 얘기했듯이 뼈가 버틸 수 있는 몸무

게는 뼈의 단면적에 비례하므로, 이 상황에서 큰 강아지는 자신의 몸무게를 뼈로 버틸 수 없게 된다. 따라서 만약 키가 10배 큰 강아지가 무리 없이 살아가고 있다면, 그 큰 강아지 몸속의 뼈는 작은 강아지 몸속의 뼈에 비해서 상대적으로 더 굵어야 한다는 결론을 얻게 된다. 실제로 코끼리 다리가 굵은 것도 정확히 같은 이유다. 코끼리는 다른 동물에 비해 매우 크고, 따라서 몸무게도 크다. 이렇게 덩치가 큰 코끼리의 다리가 개미 다리처럼 가늘어질 수는 절대로 없다.

코끼리가 털이 거의 없는 이유

갈릴레오의 제곱-세제곱 법칙으로 코끼리에 대한 다른 사실도 설명할 수 있다. 먼저 코끼리는 왜 다른 포유동물에 비해 털이 거의 없는지 생각해 보자. 먼저 코끼리가 몸에서 만들어내는 에너지는 코끼리 몸을 이루는 세포의 수에 비례한다고 생각할 수 있다. 그리고 세포의 수는 코끼리의 부피에 비례한다. 따라서 코끼리 몸에서 발생하는 열에너지는 길이의 세제곱에 비례한다.

한편 코끼리는 피부를 통해서 열을 발산시켜야 한다. 그리고 피부의 면적은 갈릴레오의 제곱-세제곱 법칙에 따라 길이의 제곱에 비례한다. 길이가 10배인 코끼리가 있다면, 그 코끼리가 만들어내는 에너지는 1,000배로 늘어나고, 몸에서 나는 열을 방출하는 피부의 면적은 100배밖에 늘지 않는다.

그렇다면 코끼리는 더운 게 문제일까, 추운 게 문제일까? 당연히 코끼리는 몸에 쌓이는 열을 밖으로 내보내는 게 중요하므로 추위가 아니라 더위를 해결해야 한다. 그리고 피부에 털이 많다면 열을 방출

알아두면 약이 되는 내 몸의 물리학

하는 데 방해가 된다. 많은 털이 있다면 그곳에 머무는 공기가 열의 방출을 방해하기 때문이다. 결국 코끼리는 더위를 해결하는 방법의 하나로 과감하게 털을 버린 것이다.

코끼리 피부를 보면 털이 없기도 하지만 쭈글쭈글한 것도 특이한 점이다. 코끼리의 피부가 다른 동물과 비교해 쭈글쭈글 주름이 많은 것도 따지고 보면 더위를 해결하기 위함이다. 주름이 없는 피부보다 쭈글쭈글 접힌 피부가 당연히 공기와 맞닿는 면적이 크다. 코끼리는 몸의 표면적을 늘려 열을 효율적으로 방출하려다 보니 피부가 쭈글쭈글해진 것이다.

코끼리는 귀가 크기로도 유명한데, 그것도 열을 식히기 위해 당연히 도움이 된다. 코끼리의 모습을 열화상 적외선 카메라로 찍은 사진을 찾아본 적이 있다. 열화상 사진을 보면 코끼리 귀의 온도가 몸의 다른 부위보다 낮은 것을 명확히 볼 수 있다. 코끼리의 커다란 귀가 체온을 낮추는 냉방 장치 역할을 한다는 증거다.

과학자로 살면서 나는 우리 주변의 어떤 현상을 하나의 법칙으로 이해할 수 있는 게 무척 신기하고 재미있다. 갈릴레오의 제곱-세제곱 법칙만 이용해도 코끼리 다리가 왜 굵은지, 코끼리는 왜 털이 거의 없는지, 코끼리의 피부는 왜 쭈글쭈글한지, 그리고 코끼리의 큰 귀가 하는 역할이 무엇인지를 명료하고 쉽게 설명할 수 있다는 것이 정말 재밌지 않은가?

날씬해 보이는 사람의 특징

제곱–세제곱의 법칙으로 코끼리의 생김새를 설명하다 보면 자연스럽게 길이, 부피, 무게가 사람의 모습을 어떻게 보이게 할지도 궁금해진다. 사람의 경우, 크기와 모습의 관계를 건강과 다이어트에 관심이 있으면 누구나 알 만한 체질량 지수^{Body Mass Index}, BMI로 생각해볼 수 있다. 사람의 체질량 지수를 계산하는 방법은 간단한데, 몸무게를 키의 제곱으로 나누면 된다.

무게 W는 크기가 g인 중력장 안에서 질량이 M인 물체에 작용하는 중력이다. 물리학에서는 이처럼 무게와 질량을 명확히 구분한다. 몸무게가 60kg이라고 보통 말하지만 엄밀하게는 이 사람의 몸의 질량이 60kg이라고 하는 것이 맞고, 이 사람의 몸무게는 60kg중이라고 불러야 한다. 하지만 아래에서는 우리가 일상에서 늘 그렇게 하듯이 몸무게를 몸의 질량과 같은 의미로 사용하고자 한다.

체질량 지수를 계산하는 방법에서 몸무게는 kg 단위로, 그리고 키는 cm가 아닌 m 단위로 적어야 한다. 예를 들어 몸무게가 60kg, 키가 170cm, 즉 1.7m인 사람의 경우에 체질량 지수의 값은 약 21 정도가 된다. 체질량 지수가 18.5~23 범위 안에 있으면 정상 체중으로 본다. 이때 정상 체중의 의미는 몸무게를 키의 제곱으로 나눈 값이 이 범위에 들어가는 사람들이 많다는 것을 뜻한다. 따라서 M을 키 H의 제곱으로 나눈 값이 대부분의 사람에게는 거의 고만고만 비슷하다고 할 수 있다. 이를 수식으로 적으면 $\frac{M}{H^2} \approx$ 상수이므로, H^2을 우변으로 옮기면 결국 사람의 몸무게는 키의 제곱에 비례한다는($M \propto H^2$) 결과를 얻게 된다.

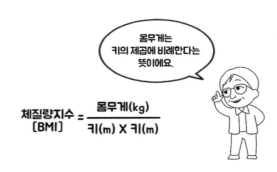

$$\text{체질량지수} \atop \text{[BMI]} = \frac{\text{몸무게(kg)}}{\text{키(m)} \times \text{키(m)}}$$

체질량 지수로 정상 체중을 판단하는 것이 사람의 몸무게가 키의 제곱에 비례한다는 사실에 기반한 것이라는 것을 이해했다면, 이제 이를 사람의 몸이 원기둥과 비슷한 모습이라고 가정해서 얻어지는 결과와 비교해 보자. 사람의 몸이 실제로 원기둥인 것은 아니다. 하지만 사람의 몸통을 원기둥으로 근사적으로 기술하는 것이 아주 잘못된 것은 아니다. 원기둥의 부피는 밑면적× 높이다. 원기둥의 반지름을 R이라고 하면 밑면적은 πR^2이고, 사람의 키를 H라고 하면 원기둥 모양의 몸통 전체의 부피는 $V = \pi R^2 H$가 된다. 그리고 사람의 몸무게 M은 부피에 비례하므로 결국 원기둥으로 근사한 사람의 몸무게는 $M \propto V \propto R^2 H$ 식을 만족한다. 이제 이 결과를 앞에서 체질량 지수의 정의로부터 찾아낸 $M \propto H^2$ 식과 비교해서 $R^2 H \propto H^2$를 얻게 된다.

양변에서 H를 하나씩 지우면 $R^2 \propto H$이므로, $R \propto \sqrt{H}$가 우리가 찾아낸 결론이다. 원기둥으로 근사한 사람의 허리둘레는 $2\pi R$이므로, 결국 사람의 허리둘레는 키의 제곱근에 비례한다는 결과가 얻어진다.

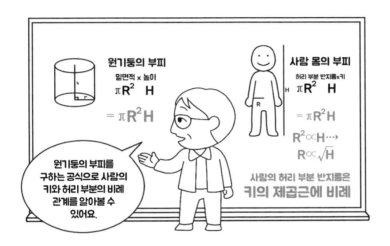

여기 체질량 지수가 같은 두 사람이 있다. 둘은 몸무게도 정상 체중에 가깝다. 그런데 한 사람은 다른 사람보다 키가 네 배나 크다. 그렇다면 키가 큰 사람의 허리둘레는 키가 작은 사람 허리둘레와 몇 배나 차이 날까? 앞에서 수식으로 확인한 바와 같이, 키가 네 배면 허리둘레는 두 배밖에 늘지 않는다. 만약 이 두 사람을 각각 단독 샷으로 사진을 찍어 사진을 나란히 놓는다면 어떻게 보일까? 키가 큰 사람이 훨씬 더 날씬해 보인다. 키는 네 배나 큰데 허리둘레는 두 배밖에 늘지 않아 그렇다.

알아두면 약이 되는 내 몸의 물리학

패션모델 중에는 키 큰 사람들이 많다. 나는 위의 과정을 통해서 그 이유를 설명할 수 있다고 확신한다. 체질량 지수가 같다면 키가 큰 사람의 허리둘레가 상대적으로 작게 늘어나 사진을 찍으면 날씬해 보일 수밖에 없다. 내가 날씬하다는 소리를 들어 보지 못했던 이유를 찾은 셈이다. 내 키가 작아서다. 키가 큰 사람이 날씬해 보이는 이유는 사람의 경우 몸무게가 키의 제곱에 비례($M \propto H^2$)하기 때문이다.

물고기는 다르다. 과거 이 주제로 연구를 진행할 때 여러 다양한 어류의 길이와 무게 데이터를 살펴봤다. 물고기의 경우에는 무게가 길이의 세제곱에 비례한다($M \propto H^3$). 그 이유도 어렵지 않게 생각할 수 있다. 물고기는 머리에서 꼬리까지의 길이가 a배로 늘어나면, 배에서 등까지의 길이도 a배, 왼쪽 눈에서 오른쪽 눈까지의 길이도 a배로 늘어난다고 가정하면, 물고기의 무게는 길이의 세제곱에 비례한다. 낚시꾼이 잡은 물고기 사진을 보여주면서 아주 큰 물고기를 잡았다고 주장해도 거짓인지 알기 어려운 이유가 바로 이것이다. 물고기는 사람과 다르다. 사람의 몸무게가 키의 제곱에 비례한다면, 물고기의 무게는 길이의 세제곱에 비례한다.

알아두면 약이 되는 내 몸의 물리학

롤러코스터를 탈 때
철렁하는 느낌이 드는 이유

놀이기구를 잘 타는 사람과 못 타는 사람의 차이

아이 때는 부모를 따라가고, 부모가 되어서는 아이를 따라가는 피터 팬^{Peter Pan}의 고향 같은 곳, 바로 놀이공원이다. 이번에는 많은 사람이 관심을 가질 만한 놀이공원으로 과학 여행을 떠나 보자.

예전 기준으로는 중년을 넘어 노년에 접어들 정도의 나이가 되었지만 나는 여전히 놀이공원에 놀러 가는 것을 좋아한다. 한때 함께 연구하던 대학원생들과 매년 딱 하루 모두 모여 같이하는 일이 있었다. 대학교 개교기념일이 평일일 때 다 함께 놀이공원에 가는 것이었다. 개교기념일이니 학교 강의는 없고, 평일이라 놀이공원은 주말보다 훨씬 한산해서 일 년 중 놀이공원에 가서 하루를 보내기에는 딱

적당했다. 놀이공원에서 롤러코스터도 타고, 바이킹도 타고……. 학생들도 진심으로 좋아했는지는 모르겠지만 여하튼 나는 시간 가는 줄 몰랐다.

롤러코스터를 탈 때 붕 뜨는 느낌이 드는 이유

롤터코스터를 타 본 사람은 알겠지만, 롤러코스터가 높은 곳에서 낮은 곳으로 떨어질 때 몸 안이 울렁거리고 저릿하면서 야릇한 느낌이 든다. 왜 이런 묘한 느낌이 만들어지는 것일까?

우리가 가만히 있으면 몸 안의 장기에는 아랫방향의 중력이 작용한다. 그러면 우리 몸의 안쪽 내벽은 중력의 반대 방향으로 힘을 작용해서 장기가 제자리에 있도록 만든다. 바로 우리 몸통이 장기에 작용하는 수직항력이다. 어렵게 들려도 한자어인 수직항력은 수직 방향으로 저항하는 힘이라는 뜻일 뿐이다.

가령 동전을 책상 위에 놓으면, 이 동전에는 아랫방향의 중력이 작용한다. 동전에 작용하는 힘이 이 중력뿐이라면 동전이 가만히 책상 위에 있을 리 없다. 모든 물체는 힘이 작용하는 방향으로 가속하면서 움직일 수밖에 없기 때문이다. 동전이 가만히 놓여 있는 이유는 당연히 중력 말고 다른 힘이 동전에 작용하고 있기 때문이다. 바로 이 힘, 수직 방향으로 중력에 저항하는 힘이 수직항력이다. 가만히 책상 위에 놓은 동전에 작용하는 수직항력의 크기는 중력과 같지만 방향은

알아두면 약이 되는 내 몸의 물리학

반대다. 방향을 생각해서 중력과 수직항력을 더하면 0이 되니 동전에는 아무런 힘도 작용하지 않는다. 힘이 없으니 동전은 가만히 제자리에 정지해 있는 것이다.

평소에는 수직항력을 받아 우리 몸의 장기는 제자리에 가만히 머물러 있다. 그런데 우리가 높은 곳에서 떨어진다고 생각해 보자. 사람이 이처럼 자유낙하를 하면 몸 전체와 그 안에 들어 있는 모든 장기가 정확히 같은 중력가속도로 아래를 향해 떨어진다. 장기가 몸통 안에서 아래쪽으로 내려가지만 몸통 자체도 아래로 마찬가지로 떨어지니 장기에는 아무런 수직항력이 작용하지 않는다. 이처럼 몸 전체가 자유낙하하면 우리 몸은 낙하하기 전에 익숙하게 느꼈던 힘을 더 이상 느끼지 못한다. 장기에 작용하던 익숙한 수직항력이 사라진 느낌이 바로 우리가 롤러코스터나 바이킹을 탈 때의 그 야릇한 느낌이다.

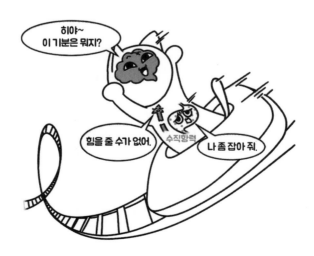

떨어질 때의 느낌은 우주의 무중력과 같을까?

많은 사람이 지구에서 멀리 벗어나야만 무중력 상태가 만들어진다고 생각한다. 꼭 그런 것은 아니다. 무중력 상태를 느끼기 위해 지구에서 멀리 갈 필요가 없다. 그냥 높은 곳에서 떨어지면서 우리는 무중력 상태에 있게 된다. 우리가 몸으로 느끼는 힘은 사실 바닥이 내몸을 위로 미는 수직항력이다. 만약, 내 몸과 바닥이 똑같이 중력장안에서 자유낙하하면 우리는 아무런 중력을 느끼지 못한다. 만약 엘리베이터 안에 체중계를 놓고 그 위에 올라선 다음에 엘리베이터 줄이 끊어져 자유낙하한다면 체중계가 가리키는 눈금은 0이 된다. 직접 실험하긴 어렵지만 물리학이 알려주는 명확한 사실이다.

모든 떨어지는 것은 낙하 도중 무중력 상태가 된다는 것을 독자도 쉽게 확인할 수 있다. 우리가 이용하는 스마트폰에 들어 있는 가속도 센서는 3차원의 세 방향에 대해서 각 방향의 가속도를 계속 측정하고 있다. 가속도 센서가 측정한 세 값을 그래프로 보여주는 공짜 앱을 찾아서 설치해 볼 수 있다. 앱을 실행한 다음 스마트폰을 바닥 위에 가만히 세워 놓으면 세 가속도 값 중 하나가 우리가 알고 있는 중력가속도의 값을 가리킨다. 그러고는 스마트폰을 약간 높은 곳에서 푹신한 이불 위로 떨어뜨리자. 스마트폰 화면의 그래프를 살펴보면 낙하하고 있는 도중에는 중력가속도의 값이 0이 되는 것을 볼 수 있다. 중력장 안에서 자유롭게 떨어지고 있는 모든 물체에는 중력이 작용하지 않는다는 것을 쉽게 확인할 수 있다.

무중력 상태가 늘 유지되는 대표적인 곳이 우주선이다. 우주 공간에서 우주선이 지구 주위를 뱅글뱅글 돌고 있을 때, 그 안에 있으면 누구나 무중력을 느끼게 된다. 우리 몸과 우리를 둘러싼 우주선 전체가 함께 움직이면 우주선 안은 무중력 상태가 된다. 우주선의 어떤 방향의 내벽도 우리 몸을 밀어내는 수직항력을 만들어내지 못한다.

내가 직접 가 본 것은 아니지만, 아마도 무중력 상태에 있는 우주비행사도 처음에는 롤러코스터를 탈 때와 같은 뭔가 어색한 느낌을 갖지 않을까 싶다. 시간이 지나 몸이 적응하고 나면 이 느낌도 사라질 것으로 보인다. 만약 우주비행사가 우주의 무중력 상태에 있다가 지구로 돌아오면, 그때도 비슷하게 어색한 느낌을 갖지 않을까 추측해 본다. 우리 몸과 뇌는 계속 일정하게 작용하는 자극에는 시간이 지나면 크게 반응하지 않는다. 우주로 가든 지구로 돌아오든, 우리 몸이 중력의 변화에 적응하게 되면 이런 어색한 느낌은 사라질 것으로 짐작해 본다.

VR 게임 중 낙하할 때 짜릿한 느낌이 드는 이유

놀이기구를 타지 않고도 몸으로 야릇한 느낌을 받을 때가 있다. VR^{Virtual Reality} 게임을 하면서 낭떠러지에서 떨어지거나 공중으로 붕 떠오르는 장면에 몰입했을 때 드는 기분이다. VR 게임은 앉거나 선 채로 게임을 하기 때문에 가속도가 변할 요소는 전혀 없다. 그런데도 VR 게임을 하면서 짜릿한 느낌을 받는 것은 우리 뇌가 현실에서 경험한 것을 기억했다가 비슷한 상황이 오면 그 감각을 형성하기 때문이다.

예를 들어, 어렸을 때 높은 곳에서 떨어지는 놀이기구를 탔다고 하자. 우리 뇌는 그 순간의 장면과 오감으로 받아들인 감각을 하나의 경험으로 기억한다. 뇌과학에서는 이를 '기억의 연합association of memory' 이라고 한다. 그러다 어느 날 비슷한 상황에 놓이면, 눈앞에 펼쳐지는 시각적 이미지를 보면서 우리 몸은 과거에 낙하할 때의 체험을 떠올리게 된다. 뇌에서 '아, 지금 내 눈에 이렇게 보인다면 내가 엄청나게 빠른 속도로 떨어지고 있구나' 하면서 거기에 맞는 감각을 형성하는 것이다. 따라서 VR 게임을 하면서 느끼는 야릇함은 실제 느끼는

알아두면 약이 되는 내 몸의 물리학

것이 아니라 뇌가 상상한 감각을 인지하는 것이라고 할 수 있다. 그런 면에서 우리 뇌는 매우 독특하다. 실질적으로는 외부 환경에 아무런 변화가 없어도 우리 뇌는 내적인 감각, 내적인 예측을 자유롭게 형성해내는 것이다. 다시 말하지만 VR 게임은 실제로 떨어지는 것과는 다르다. 하지만 우리 뇌는 그런 느낌을 만들어낸다.

구름에 닿는 롤러코스터를 만들 수 있을까?

놀이동산에서 가장 높은 놀이기구는 대부분 롤러코스터다. '구름에 닿을 만큼 높은 롤러코스터를 만드는 것은 가능할까?' 하는 동화적인 상상을 해보기도 한다. 이 상상을 현실로 구현하는 것이 가능한지를 생각해 보려면 먼저 따져 봐야 할 것이 있다. 바로 구름의 높이다. 자연 환경에서 어떤 구름은 매우 낮게 드리워져 있고, 우리가 안개라고 부르는 것도 실은 땅 가까이 내려앉은 구름일 뿐이다. 구름의 종류마다 높이가 달라서 구름의 높이를 딱 몇 미터라고 할 수는 없다. 하지만 그리 높지 않은 구름이라면 구름까지 닿는 롤러코스터를 만드는 것이 불가능한 일은 아니다.

그렇다면 실제로 얼마나 높은 롤러코스터를 만들 수 있을까? 현재 세계에서 가장 높은 롤러코스터는 미국 뉴저지주의 식스플래그 놀이공원에 있는 '킹다 카Kingda Ka' 롤러코스터라고 한다. 트랙의 최고 높이는 139m, 최대 낙하 높이는 127m이며, 947m 길이의 트랙을 달리는 킹다 카의 최고 속력은 시속 206km라고 한다. 참고로 우리나라에서 가장 높은 롤러코스터는 50.5m로, 광주에 위치한 호남권장 수변공원 내에 있는 '도리안 코스트'로 알려져 있다.

건축법상으로는 높이가 120m 이상이면 고층 건물로 분류한다. 139m 높이의 롤러코스터가 대단해 보이기는 하지만, 555m 높이의 롯데월드타워에 비교하면 그리 높은 건축물로는 보이지 않는다. 아마도 롤러코스터를 기술적으로 더 높게 만드는 것이 불가능한 것은 아닐 것이다. 하지만 롤러코스터를 아주 높게 만들면 설계비와 건설비가 늘어날 뿐 아니라, 롤러코스터의 안전 관리에도 큰 비용이 들 것으로 예상할 수 있다. 엄청난 돈을 들여 만들었는데 사소한 안전사고로 사람들이 두려움을 느껴 더 이상 오지 않게 되면 당연히 큰 적자가 나지 않겠는가. 롤러코스터의 설계와 건설은 물리학뿐 아니라 공학 측면에서도, 그리고 안전 관리 측면에서도 무척이나 어려운 일이다.

360도 회전 놀이기구에서 사람이 떨어지지 않는 이유

질주하는 롤러코스터를 구경하는 입장에서 하이라이트 구간은 롤러코스터가 거꾸로 한 바퀴를 돌아 나오는 360도 루프다. 이 구간의 가장 높은 곳에 롤러코스터가 있을 때, 탑승객은 거꾸로 있다. 하지만 탑승객이 아래로 떨어지지는 않는다. 물리학의 '관성력inertial force' 때문이다. 관성은 물체가 운동 방향이나 속력에 변화를 주려고 하면 거기

알아두면 약이 되는 내 몸의 물리학

에 저항하려는 경향을 뜻한다. 버스를 타고 갈 때 버스 기사가 갑자기 급브레이크를 밟으면 우리 몸이 버스 앞쪽으로 쏠리고, 기사가 핸들을 왼쪽으로 급하게 틀면 우리 몸이 오른쪽으로 쏠리는 것이 바로 관성의 효과다. 이때 우리 몸에 작용하는 힘을 관성력이라고 한다.

롤러코스터의 360도 루프도 마찬가지다. 상당히 빠른 회전 속도로 롤러코스터가 이 구간을 지나갈 때 우리 몸에는 아래가 아닌 위쪽 방향으로 밀려나는 관성력이 작용한다. 원의 둘레를 따라 회전하는 물체에는 회전의 중심에서 바깥쪽으로 밀려 나가려고 하는 힘이 작용하는데 이 힘이 바로 관성력의 일종인 '원심력centrifugal force'이다. 원심력이 충분히 크면 거꾸로 360도 회전하는 것도 가능할 뿐 아니라 우리 몸이 거꾸로 뒤집혀 있는 좌석에 딱 붙어 있을 수 있다.

마찬가지로, 원심력을 이용하면 무중력 상태인 우주에서도 인공적으로 중력을 만들어 낼 수 있다. 인공중력artificial gravity은 SF영화의 고전인 〈2001 스페이스 오디세이2001: A Space Odyssey〉나 〈인터스텔라Interstellar〉에도 등장한다. 인공중력을 만드는 방법은 매우 간단하다. 커다란 원통 같은 구조를 만들고 사람이 그 안에 들어간 상태에서 원통을 회전시키면 된다. 그러면 원통 안에 있는 사람에게는 원통의 바깥쪽을 향해 원심력이 작용하고 그 사람은 이 힘을 인공적인 중력으로 느낀다. 원통의 크기와 원통이 돌아가는 회전 속도를 잘 맞추면 지구와 거의 똑같은 중력가속도를 구현할 수도 있다.

이렇게 구현해낸 인공중력 환경에서는 우리가 회전하는 커다란 원

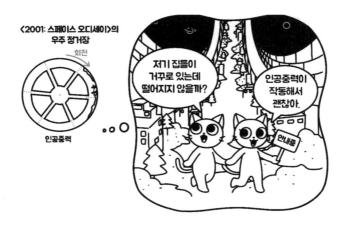

통 내부에 있는 건지, 아니면 우리는 가만히 정지해 있는데 큰 질량을 가진 지구가 만들어낸 중력장 안에 있는 것인지 구별하는 것은 원칙적으로 불가능하다. 아인슈타인의 일반상대성 이론에서 가장 중요한 가정인 등가원리$^{equivalence\ principle}$가 바로 이 얘기다. 회전하는 큰 원통을 이용해서 지구에서와 같은 인공중력을 만들어낼 수 있다면 인간은 우주에서도 지구에서와 같은 방식으로 움직이며 살아갈 수도 있다. 영화 〈인터스텔라〉를 보면 '쿠퍼 스테이션'이라는 커다란 원통형 우주선의 넓게 펼쳐진 거주 공간에서 야구를 하는 장면이 나온다. 영화에서는 배트에 맞은 야구공이 떨어지지 않고 계속 위로 날아가다가 위쪽 건너편에 있는 집의 창문을 깬다. 재미를 위해 넣었다고 해도 실제 가능한 장면이다. 원통의 안쪽 면에서 인공중력을 지구와 같은 크기로 만들었다고 해도, 날아가는 야구공이 원통의 회전축을 지나면 원통의 반대쪽으로 원심력이 작용하기 때문이다.

자이로드롭은 어떻게 속도를 갑자기 줄일까?

물리학의 원리가 잘 반영된 놀이기구로 자이로드롭도 **빼놓을** 수 없다. 자이로드롭의 묘미는 가장 높은 곳까지 올라가 잠시 멈추었다가 어느 순간 갑자기 뚝 떨어질 때의 짜릿함이다. 자이로드롭은 처음에 에너지를 공급해 장치를 위로 끌어올린다. 그러다가 맨 마지막에 이르러서는 에너지 공급을 갑자기 끊는다. 에너지 공급이 멈추면 장치는 중력에 의해 아래로 떨어지기 시작하는데, 놀랍게도 자이로드롭에는 기계적인 방식의 브레이크가 없다. 브레이크 없이 장치를 지면까지 빠른 속도로 내려오게 하는 것이다. 언뜻 생각하면 위험할 것 같지만 실제로는 매우 안전하다. 거대한 장치가 브레이크도 없이 떨어지는데 안전한 이유는 자이로드롭이 전자기 유도^{electromagnetic induction}를 이용하기 때문이다.

자이로드롭과 똑같은 원리로 만든 간단한 과학 장난감을 본 적이 있다. 금속으로 만든 긴 원통이 있고, 그 안에 강한 자성을 띤 자석을 넣고 떨어뜨리는 게 다였다. 이 모습을 바깥에서 보면 자석이 꽤 무거우므로 보통 쇳덩이를 떨어뜨릴 때와 똑같이 아래로 빠르게 뚝 떨어질 거라고 많은 학생이 짐작한다. 그런데 무거운 자석을 위에서 놓으면 바닥에 떨어지기까지 상당한 시간이 걸린다. 원통 안에서 움직이는 자석은 마치 슬로 모션이 걸린 것처럼 천천히 내려간다. 자석이 이처럼 천천히 떨어지는 것은 전자기 유도에 의해 발생하는 효과다.

자석에는 N극과 S극이 있다. 이 자석의 N극 쪽이 아래로 떨어지는
데 아래쪽에 도체가 있다면, 도체에는 N극 쪽이 가까워지는 것을 방
해하는 방향의 자기장을 만들어내는 전류가 유도된다. 이 유도전류
가 만들어낸 자기장의 방향은 다가오는 자석의 자기장과 반대 방향
이어서 아래로 떨어지는 자석의 움직임을 방해하게 된다. 결국 이 반
발력에 의해 자석이 내려오는 속도가 느려지는 것이다.

자이로드롭이 안전하게 착지하는 데 이용하는 이 원리를 '렌츠의
법칙^{Lenz's law}'이라고 한다. 하인리히 렌츠^{Heinrich F. E. Lenz}라는 과학자가 발
견한 이 법칙은 간단하게 '움직이는 자석에 의해서 도체에 유도된 전
류는 자석의 움직임을 방해하는 방향으로 자기장을 만든다'고 이해
하면 된다.

알아두면 약이 되는 내 몸의 물리학

자이로드롭 말고도 렌즈의 법칙을 이용하는 장치 중에 요즘 들어 주목받는 것이 전기 자동차나 하이브리드 자동차에서 많이 쓰는 회생제동 장치regenerative brake다. 회생제동 장치는 물리적인 브레이크 장치를 쓰지 않고 자동차 속도를 줄인다. 자동차 바퀴 안에 일종의 자석을 두어서 바퀴와 함께 돌아가게 하고 바퀴 주변에 도체를 두기만 하면 된다. 그러면 바퀴가 돌아가는 움직임을 방해하는 방향으로 자기장이 유도되어서 자동차 바퀴 회전을 감속시킬 수 있다.

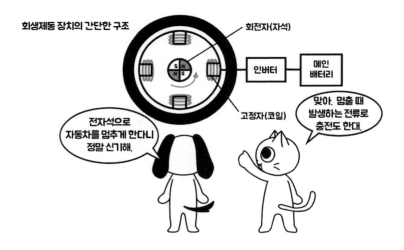

회생제동 장치는 물리적인 직접 접촉으로 작동하는 일반 브레이크에 비해 장점이 많다. 일단 회생제동 장치에는 브레이크 패드가 없다. 보통 자동차는 바퀴 축에 디스크를 두고, 이것을 브레이크 패드로 잡아 마찰을 일으켜서 회전 속도를 줄이는데, 이 과정이 오랜 기간 여러 번 반복되면 브레이크 패드가 닳아 교체를 해주어야 한다. 회생제동 장치는 역학적인 마찰을 이용하는 것이 아니라 전자기 유도만으로 바퀴의 회전을 줄이기 때문에 브레이크 패드가 닳을 리가 없다. 또 하나의 장점은 회생제동 장치를 사용할 때 유도전류가 자동으로 만들어지므로 이를 자동차 배터리를 다시 충전하는 용도로 쓸 수 있다는 것이다. 브레이크로도 작동하고, 자동차 배터리를 충전하는 용도로도 이용할 수 있으니, 회생제동 장치는 그야말로 일석이조의 장치인 셈이다.

놀이기구에서 스릴을 느끼기 좋은 자리는 어디일까?

우리가 놀이기구를 타는 이유는 전율이나 강한 긴장감같이 평소에는 쉽게 경험할 수 없는 느낌을 즐기기 위한 것이다. 이렇게 강렬한 감각을 느끼게 하는 것이 속도가 아니라 가속도라는 것이 중요하다. 놀이기구가 아무리 빨리 움직여도 속도가 일정하다면 가속도는 0이고 우리 몸은 놀이기구가 정지해 있을 때와 비교해서 아무런 차이를 느끼지 못한다. 속도가 크게 변할 때 우리는 온몸이 짜릿해지는 스릴을 만끽할 수 있다. 그렇다면 놀이기구에서 스릴을 느끼기 좋은 자리는 어디일까? 바로 가속도가 큰 자리다.

간단하게 볼펜을 예로 들어 놀이기구의 어느 자리가 가속도가 클지 알아보자. 우선 볼펜의 한쪽 끝을 잡아 고정하고, 다른 쪽을 회전시킨다. 그러면 볼펜은 손으로 잡은 곳을 축으로 하여 회전 운동을 한다. 이때 볼펜이 회전하는 원운동의 중심에서 측정한 각도가 얼마나 빨리 변하는지를 나타내는 것이 '각속도^{angular velocity}'다.

한편 각속도가 시간이 지나면서 얼마나 빠르게 변하는지를 나타내는 물리량이 바로 각가속도^{angular acceleration}다. 회전하는 볼펜의 모든 위치는 볼펜의 몸체 위에 있으니 어느 곳이나 각속도가 같고 따라서 각가속도도 같다. 하지만 회전의 중심에서 더 먼 거리에 있을수록 속도가 빠르고, 가속도도 더 크다. 물체의 가속도는 회전의 중심축으로부터 얼마나 먼 거리에 있는지에 따라 비례하여 늘어난다. 회전하는 물체의 회전축에서 더 먼 거리인 바깥쪽에 있을수록 가속도가 더 크다는 말이다.

이 원리를 놀이기구 바이킹에 적용하면, 바이킹의 어느 위치에 앉아야 가장 큰 스릴을 느낄지 짐작할 수 있다. 바닥에 정지해 있는 바이킹에서 바라보면 저 멀리 가장 높은 곳에 회전축이 있다. 우리가 탑승하는 배 안의 모든 곳이 회전축에서 같은 거리에 있는 방식으로, 즉 배가 평평하지 않고 원 둘레를 따라 휘어진 모습이라면 가속도는 어느 위치에서나 같다.

내가 과거에 타 본 바이킹은 약간 휘어 있지만 그렇다고 모든 위치가 회전축에서 같은 거리는 아니었다. 배가 평평한 모습이라면 큰 스릴을 느끼는 가장 좋은 자리는 양 끝이 된다. 배 안의 어느 위치나 회전축에서 같은 거리에 있다면 어느 자리에 앉아도 우리가 느끼는 짜릿한 스릴은 같겠지만 말이다. 다음에 바이킹을 제대로 즐기고 싶다면 먼저 배의 전체 모양을 유심히 보기를 바란다. 배가 평평하다면 앞과 뒤의 가장 끝자리가 큰 스릴을 느낄 수 있는 자리다.

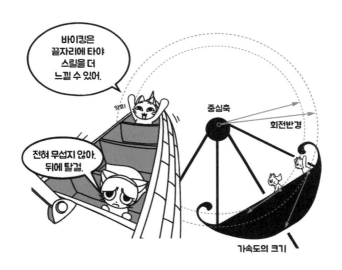

바이킹은 회전해도 모습 자체가 변하지 않지만 롤러코스터는 다르다. 롤러코스터는 여러 차량이 길게 연결된 기차를 닮아서, 트랙이 휘면 그에 맞춰서 전체 롤러코스터도 뱀처럼 휘어진다. 롤러코스터가 출발하면 먼저 리프트 장치가 열차를 가장 높은 정상까지 끌어올린 다음 아래를 향해 빠르게 내려가면서 질주가 시작된다.

롤러코스터가 이런 식으로 움직이다 보니 맨 앞자리에 앉으면 정상까지 천천히 올라간 다음 어느 정도 아래로 내려가도 아직 뒷부분이 천천히 올라오고 있는 상황을 맞게 된다. 결국 맨 뒷부분이 트랙의 정상을 넘어서면서부터 차량이 빠르게 움직이기 시작한다. 반대로 뒤에 앉으면 정상에 도달하자마자 갑자기 떨어지면서 달려나가는 것으로 느낀다. 곧 롤러코스터는 앞자리가 뒤쪽 자리에 비해 스릴을 느낄 수 있는 구간이 짧다는 말이다. 롤러코스터는 뭐니뭐니 해도 속도감이다. 그 속도감을 제대로 느끼고 싶은가? 그렇다면 뒤에 앉을수록 좋다.

번지점프를 할 때 떨어지는 속도

물리학의 관점에서 보면 번지점프도 정말 신기하다. 지금부터 들려주는 이야기는 물리학을 공부하는 학생도 처음 듣는 것일 수 있다. 자, 번지점프를 한다고 생각해 보자. 그러면 줄을 매고 뛰어내린 우리 몸의 가속도는 중력가속도보다 클까, 아니면 같을까? 그도 아니면 더 작을까? 언뜻 '자유낙하를 하니까 중력가속도와 같겠지. 어떻게 중력가속도보다 크거나 작겠어?'라고 생각할 수 있다.

그러나 번지점프를 하게 되면 줄을 매달고 뛴다는 이유로 조금 다른 결과와 마주하게 된다. 실제로 번지점프를 하면 우리 몸의 가속도는 자유낙하를 할 때보다 더 크다. 만약 사람과 줄의 질량이 같다고 가정하면 번지점프를 하는 사람의 최대 가속도는 1.6g로 중력가속도의 1.6배까지도 이론적으로 가능하다는 것을 알 수 있다.

처음 줄의 모습은 U자형으로 가운데가 휜 모습으로 발목에 연결되어 있다. 낙하가 진행되면 U자의 한쪽 부분이 아래로 풀리면서 줄의 무게중심이 내려오고 이로 인해서 중력 퍼텐셜 에너지(위치 에너지라고 부른다. 더 높은 위치에서의 퍼텐셜 에너지가 더 크다)가 감소하게 된다. 줄이 곧게 펴진 위치에서의 운동에너지에 바로 이 중력에 의한 퍼텐셜 에너지의 감소량이 더해지는 이유로 번지점프를 한 사람의 최대 가속도는 중력가속도보다 더 크게 된다.

물리학에서 배우는 비슷한 문제가 하나 있다. 한쪽 끝을 회전축으로 하는 딱딱한 긴 막대가 있고, 회전축 반대쪽 끝에 동전을 올려놓는다. 그리고 막대를 중력장 안에 가만히 놓고 회전시키면 동전의 가속도는 중력가속도와 같지만 회전하는 막대 끝의 가속도는 중력가속도의 1.5배라는 것을 어렵지 않게 증명할 수 있다. 만약 동전을 막대 끝에 묶어 놓았다면 이 경우에도 번지점프와 비슷하게 동전의 낙하 가속도는 중력가속도보다 더 크다.

번지점프를 하는 장면을 보면, 어떤 사람은 똑바로 서서 뛰어내리고, 어떤 사람은 다이빙 하듯이 거꾸로 뛰어내린다. 번지점프에서 자세는 그렇게 중요할 것 같진 않지만 조금 더 스릴을 느끼고자 한다면 똑바로 서서 뛰어내리는 게 더 나을 것 같다. 아무래도 우리 몸에서 질량이 큰 부분은 머리이므로, 떨어지는 동안 위쪽에 있던 머리가 몸과 함께 아래쪽으로 크게 회전하며 추가로 가속도가 생긴다. 따라서

알아두면 약이 되는 내 몸의 물리학

만약 내가 번지점프를 한다면 똑바로 서서 뛰어내릴 것 같다. 그래야 낙하 속도에 몸의 회전에 의한 가속도까지 더해져 더 큰 스릴을 느낄 조건을 갖추기 때문이다.

　애써 놀이공원까지 와서는 놀이기구를 앞에 두고 사색이 되는 사람이 있다. 이런 사람에게 무서움을 덜 느낄 수 있는 팁을 하나 주자면 '하늘을 보세요'라고 말하고 싶다. 롤러코스터를 탈 때 하늘을 보면, 자신이 움직이는 속도를 둔감하게 느낄 가능성이 크다. 반대로 지면의 사물이나 자연물을 보면, 시야에 들어오는 양상이 급변하게 되므로 속도감을 더 크게 느낄 것이다.

　놀이기구 앞에서 쭈뼛대는 사람에게 진심으로 이렇게 말해주고 싶다.

"놀이기구를 타는 이유는 짜릿함을 느끼기 위한 거야. 그러니까 그냥 즐겨. 입장료에 놀이기구 이용료까지 포함된 비싼 값을 치르고 타는 건데, 애써 스릴을 줄이려 하지 말라고!"

4장

물리학으로 따개보는
상상 실험실

과학자들에게 엉뚱한 질문을
해 보았습니다!

폭포에서 떨어진 물의 온도는 폭포 위와 다를까?

매일 반복되는 단조로운 일상을 떠나 자연을 찾아가면 온갖 신비
와 경이에 맞닥뜨리게 된다. 저 높은 곳에서 절벽 아래로 쏟아지는
폭포는 눈으로 보고 귀로 듣는 것만으로도 세상사의 피로를 잊게 한
다. 탐험가 데이비드 리빙스턴^{David Livingstone}이 아프리카의 빅토리아폭
포를 발견하고 한 말 "하얀 물살을 따라 천사들이 하늘로 올라가는
듯한 전율을 느끼게 된다"에서도 폭포의 아름다움과 경이로움이 생
생하게 느껴진다.

폭포 위쪽 낙하 이전의 물은 중력에 의한 퍼텐셜 에너지를 가지고
있다. 에너지의 총합은 늘 일정하다는 물리학의 에너지 보존 법칙을

생각하면, 높은 곳에 있던 물이 폭포 아래로 떨어지면서 퍼텐셜 에너지가 줄어든 만큼 다른 형태의 에너지가 늘어야만 한다. 폭포 바닥에 닿을 때 물은 속도가 빨라져서 커다란 운동에너지를 가지게 된다. 빠른 속도로 아래에 도달한 폭포 물속 물 분자는 아래에 고인 물속 물 분자와 충돌하며 운동에너지를 전달한다.

물리학에서 온도는 마구잡이 운동을 하는 분자들의 평균 운동에너지에 관련된다. 결국 폭포 바닥에 고인 물의 온도가 높아질 것을 예상할 수 있다. 그렇다면 정말로 폭포 위쪽 물보다 폭포 아래 고인 물의 온도가 더 높을까?

물리학에서 에너지의 표준 단위는 제임스 줄James Joule의 이름을 딴 줄(J)이다. 제임스 줄은 과거에는 서로 다른 것이라고 여겨지던 열heat과 일work이 서로 전환된다는 것을 밝힌 과학자다. 줄은 폭포에서 떨어지는 물도 마찬가지라고 생각했다. 물이 아래로 떨어지는 과정에 관련된 중력에 의한 역학적 일이 폭포 아래에서는 같은 양의 열로 전환되어야 하고, 그렇다면 폭포 아래 물의 온도가 더 높아져야 한다. 줄은 실제로 폭포 위아래 물의 온도 차를 측정하려 했다는 일화가 전해진다. 그것도 스위스 신혼여행 중에 말이다. 신혼여행 중에도 과학 연구를 했다는 얘기가 재밌지만, 아마도 이 얘기는 실화가 아닐 가능성도 있다고 한다.

줄이 정말로 온도 차를 측정할 수 있었다고 해도, 폭포 위의 물이

가지고 있던 퍼텐셜 에너지가 변환되어 물의 온도가 올라간 것인지, 아니면 아래쪽 웅덩이의 물 온도가 내리쬐는 햇볕 등의 이유로 원래부터 높았던 것인지를 명확히 구분하기는 어려워 보인다. 줄이 예상한 온도 차이를 실험으로 실증하기는 어렵지만, 중력에 의한 퍼텐셜에너지가 폭포 아래 물의 온도를 높이는 것은 맞다. 간단한 계산을 통해 물의 온도가 얼마나 오를지 추정해 볼 수 있다. 질량 1g의 물방울이 100m 높이에서 아래로 떨어지면 중력에 의한 퍼텐셜 에너지는약 1J만큼 줄어든다. 이 에너지 전체가 1g 물방울의 온도를 높이는데 이용되었다고 가정하면, 이 경우 물방울의 온도는 약 0.25도 정도로 아주 조금만 오르게 된다.

물리학으로 따져보는 상상 실험실

폭포에서 떨어지면 살 수 있을까?

　도망가다 폭포 위 절벽에 도달한 사람이 추격을 피하는 마지막 방법으로 폭포에서 뛰어내리는 장면이 영화에 간혹 등장한다. 실제로 사람이 폭포에서 뛰어내리면 살 수 있을까? 폭포에서 사람이 떨어질 때는 폭포 물과 사람은 같이 떨어져서 함께 낙하하는 물은 떨어지는 사람의 몸에 아무런 피해를 줄 수 없다.

　결국 폭포에서 떨어지는 것과 호수나 바다로 뛰어내리는 것은 처음 낙하를 시작한 곳의 높이가 같다면 차이가 없다. 폭포든 호수든, 바다든, 약 20m보다 더 높은 위치에서 아래로 뛰어내리면 매우 위험할 수 있다. 만약 10m 정도의 높이라면 겁은 나겠지만 물에 닿을 때 자세를 다이빙 선수처럼 한다면 크게 다칠 정도는 아니다. 현재 절벽 다이빙의 최고 높이는 2015년 스위스인의 기록이다. 무려 58.8 미터 높이에서 다이빙했다고 한다.

물의 양에 따라 카페인의 함량이 다를까?

　밤잠을 설친 다음 날에도 다시 또 현대인의 바쁜 일상이 시작된다. 머리가 멍해져 일에 집중하기도 어렵고 자꾸 잠이 쏟아진다. 이럴 때는 진한 커피 한잔이 큰 도움이 된다. 커피에 들어 있는 화학물질인 카페인의 각성 효과로 정신이 맑아지면서 집중력이 높아진다. 카페인의 각성 효과에 익숙해진 나는 아침에 일어나면 커피 한 잔을 마시고, 직장에 출근해서 하루를 시작할 때 한 잔, 점심 먹고 또 한 잔, 하루에도 여러 번 커피를 마신다. 밤에 또 커피 한 잔을 마시고 집중력을 끌어올려 겨우 급한 일을 마무리하고 나서 잠을 청한다. 눈은 말똥말똥하고 잠은 저만큼 달아나고……. 너무 많은 양의 카페인을 섭취하면 이처럼 수면장애와 불안감 등의 부작용을 겪기도 한다. 카페인에 민감한 정도는 사람마다 달라서 커피 한 잔만 마셔도 심장이 마구 뛰면서 잠을 이룰 수 없는 이도 있다.

자료마다 조금씩 다르지만 전 세계 인구의 70~80%는 카페인 음료를 마시고, 그중 4분의 1 정도는 일상적으로 카페인 의존증을 경험한다고 한다. 하루에도 서너 잔 커피를 마시는 나도 그중 하나인 것이

물리학으로 따져보는 상상 실험실

분명해 보인다. 커피를 너무 많이 마신다는 것을 깨닫고 카페인 섭취를 줄이려고 녹차와 홍차로 바꾸는 사람도 있다. 게다가 차를 마실 때 물을 많이 넣어 더 묽게 하기도 한다.

녹차와 홍차에도 커피만큼은 아니어도 카페인이 들어 있다. 카페인 섭취를 줄이려면 커피보다는 홍차가, 홍차보다는 녹차가 좋다. 찻잎을 우리는 것보다 더 편하게 마시는 방법으로는 티백 형태의 차가 있다. 물을 끓이고 티백을 넣고 잠시 기다리면 찻잎의 성분이 물로 확산되어 나오면서 찻물의 색깔이 변한다. 이 과정을 삼투압^{osmotic} ^{pressure}의 평형 상태로 설명해 보자.

찻잎을 구성하는 세포도 제각각 막으로 둘러싸여 있다. 찻잎을 물에 넣으면 내부의 카페인이 막을 통해 물 밖으로 우려져 나오게 된다. 충분한 시간을 기다리면 찻잎 내부의 카페인 농도와 바깥에 있는 물의 카페인 농도가 같아지는 평형 상태에 도달하게 된다. 그 다음에는 아무리 더 오래 기다려도 찻잎의 카페인이 물 쪽으로 더 이상 이동하지 않는다.

이처럼 평형 상태에 도달한 다음에 차를 묽게 마시겠다며 물을 더 넣으면 어떻게 될까? 당연히 물속 카페인 농도가 줄어들면서 평형 상태에서 벗어나게 된다. 이후에는 다시 좀 더 낮은 카페인 농도를 가진 평형 상태를 향한 변화가 일어난다. 이 과정에서 카페인 성분이 찻잎에서 물로 더 이동하게 된다. 차를 우려낼 때 물의 양이 많으면 많을수록 원칙적으로는 더 많은 양의 카페인이 찻물 쪽으로 이동하는 것이다.

카페인의 함량이 농도를 의미하는 건지, 총량을 의미하는 건지 명확히 해야 할 필요가 있다. 만약 함량이 카페인 농도를 뜻한다면 물의 양이 많으니까 카페인 농도는 당연히 줄어든다. 하지만 찻잎에서 우러나온 카페인의 총량은 물의 양이 많을수록 더 늘어난다고 예상할 수 있다. 100ml와 200ml 물에 같은 분량의 찻잎을 넣고 차를 충분히 우린 다음에 비교하면, 100ml인 찻물보다 200ml인 찻물에 더 많은 카페인이 들어 있게 된다. 물을 더 넣어 묽게 하면 카페인의 전체 섭취량은 오히려 더 늘어날 수도 있다. 물을 더 넣지 말고, 커피 가루와 찻잎 양을 줄이는 것이 더 좋다. 물론 밤늦은 시간에 밀린 일을 하려고 카페인을 섭취할 필요가 없도록, 해야 할 일은 낮에 미리미리 서둘러 끝내는 것이 더 좋다.

서울에서 부산까지 멀티탭으로 전기 연결이 가능할까?

한 구독자로부터 '서울에서 부산까지 멀티탭으로 전기 연결이 가능할까요?'라는 질문을 받았다. 엉뚱하지만 재밌는 질문이다. 많은 멀티탭이 필요하겠지만 원칙적으로 연결하지 못할 리는 없다. 하지만 이렇게 연결하고 전원 스위치를 올려도 전구에는 불이 들어오지 않을 것이다.

도선을 따라 전류가 흐를 때, 도선 전체의 전기 저항은 도선의 길

이에 비례한다. 멀티탭을 구성하는 케이블도 마찬가지다. 만약 1m짜리 멀티탭을 쓰다가 1km짜리로 바꾸면 케이블의 저항이 무려 1,000배가 된다. 보통 가정에서 사용하는 구리를 이용하는 전기 케이블의 저항을 1m에 0.1옴으로 어림하면, 서울에서 부산까지 직렬로 멀티탭을 연결해 약 400km의 길이가 되면 전체 케이블의 전기 저항은 무려 40,000옴의 값이 된다. 실제로 멀티탭을 여럿 연결하면 접촉 부분의 저항도 추가된다. 직접 실험해 보기는 어렵겠지만 서울과 부산을 2m 길이 멀티탭 20만개로 연결하면 40,000옴보다도 큰 저항이 발생할 것이 분명하다. 가정용 전압인 220V를 멀티탭 20만개를 연결하면 전체를 통해 흐르는 전류는 아무런 전구를 연결하지 않는 경우에도

0.005A보다 작은 값이 된다. 한편 전력은 전압에 전류를 곱한 값이어서, 집에서 이용하는 30W 소비전력의 전구를 가정용 전압 220V에 연결하면 전구를 통해 흐르는 전류는 0.14A 정도이다. 앞에서 얻은 값과 비교하면 서울과 부산을 연결하는 20만개 멀티탭으로는 이 전구에 불이 들어오기는 어렵다. 도선의 전기 저항은 길이에 비례해서 아주 긴 케이블로는 우리가 이용하는 전기 기구를 작동시키기 어렵다.

하늘을 향해 총을 쏘면 총알이 떨어져 머리에 맞을까?

"하늘을 향해 지면에 대해 정확히 90도의 각도로 총을 쏘면 총알이 다시 떨어져 머리에 맞을까?"

이 질문에 대한 답은 지구의 자전을 무시할 때와 지구가 자전할 때, 두 가지 경우로 나누어 생각해볼 수 있다. 먼저 지구가 자전하지 않는 상황이라면 하늘로 발사한 총알은 위로 올라갔다가 그대로 떨어져 우리 머리에 맞는다. 지구 자전뿐 아니라 아예 공기의 저항까지 무시해 보자. 총구를 떠난 총알은 우리 머리에서 수직 방향으로 올라가면서 아랫방향 중력의 영향으로 점점 속도가 줄어들다가 최고 높이에 도달해 잠깐 정지해 0의 속도를 가진다. 이후에는 중력의 영향으로 아래로 떨어지기 시작한다. 공기의 저항이 전혀 없다면 중력에 의한 퍼텐셜 에너지와 운동에너지를 더한 전체 에너지는 전 과정에서 일정하게 유지된다. 그러므로 총알이 총구를 떠난 지면 근처 처음 높이에 다시 도달하면 처음 가졌던 운동에너지를 갖게 된다. 즉, 머리에 닿은 총알의 속도는 처음 총구를 떠날 때의 속도와 같다. 현대 소총의 경우 총알의 발사 속도는 1,200m/s에 이른다고 한다. 만약 공기 저항이 없다면 수직 방향으로 발사된 총알은 위로 올랐다가 다시 아래로 떨어져 처음 위치에 도달할 때, 정확히 같은 1,200m/s 속도가 된다. 총에 맞았을 때 큰 부상을 입는 이유는 총알이 빠르기 때문이다. 직접 총알에 맞는 것과 위로 올라갔다 다시 아래로 빠르게 내려오는 총알이나 아주 위험한 것은 마찬가지다.

한편 지구가 자전하지는 않지만 공기의 저항은 있다고 가정하면 상황은 달라진다. 총알이 위로 올라가고 내려오는 과정에서 총알의 속도는 공기의 저항을 받아서 줄어든다. 이 경우에는 처음에 발사된 총알 속도와 올라간 다음에 방향을 바꾸어 다시 총을 발사한 사람의 머리에 닿을 때 속도는 많이 다르다. 자료를 찾아보니 공기 중에서 총알의 종단 속도는 약 100m/s 정도라고 한다. 약 1,200m/s 속도로 총구를 떠난 총알이 높은 곳까지 올라간 다음에 방향을 바꾸어 낙하해 머리에 닿을 때 속도는 발사 시점의 속도보다 상당히 작아서 100m/s 정도의 속도가 될 것을 예상할 수 있다.

지구의 자전을 생각하면 문제가 훨씬 더 복잡해진다. 지구의 자전 때문에 총알은 코리올리의 힘을 받아 운동 방향에서 한쪽으로 치우치게 된다. 지구 자전을 생각하면 총을 수직으로 정확히 쏘아도 총알은 위로 올라간 다음에 머리에 정확히 떨어지지 않는다. 코리올리 힘의 효과까지 고려해서 발사 각도를 정교하게 조정하면 물론 다시 머리에 맞을 수도 있다.

이렇게 이론상으로는 공기의 저항과 자전 때문에 하늘을 향해 수직 방향으로 쏜 총알에 다시 맞아 다치기는 어렵다. 그런데 현실에서는 총알을 정확한 각도로 쏠 수 있느냐도 문제다. 자전을 무시하는 경우 머리에 총알이 떨어지게 하려면 정확히 지면에 대해서 90도 각도로 총알을 발사해야 하는데 89도로 조금만 달라져도 총알은 한참 옆으로 비껴 떨어진다. 또 현실에서는 고도에 따라서 대기의 압력과 바람의 방향과 속력이 시시각각 달라지는 것도 문제다. 오늘과 내일 대기의 기상 조건이 달라지면 미리 계산한 정확한 각도로 발사해도 얼마든지 다른 위치에 총알이 떨어지게 된다.

그네로 360도 회전이 가능할까?

미끄럼틀, 시소, 그네. 놀이터에 가면 어려서 즐겼던 놀이 기구가 아직도 건재한 걸 볼 수 있다. 얼마 전 유튜브 영상으로 '360도 그네 타기'를 시청했다.

그네를 타면서 적절한 시점에 무릎을 굽혔다 펴는 동작을 반복하면 그네가 점점 빨라지고 진폭도 커진다. 그네가 가장 낮은 위치에 있을 때의 속도를 점점 빠르게 하면 그네는 더 높이 오른다. 이것도 당연히 물리학의 에너지 보존법칙으로 설명할 수 있다. 가장 낮은 위치를 중력에 의한 퍼텐셜 에너지의 기준점으로 하면, 이곳에서 그네의 에너지는 모두 운동에너지이다. 그네가 점점 위로 오르면 속도가 줄어들고 운동에너지도 아울러 줄어든다. 그네가 가장 높은 곳에 있을 때 그네는 순간적으로 정지해서 운동에너지가 0이 된다. 전체 에너지는 일정하니 그네가 낮은 곳에서 가졌던 운동에너지 전체가 그네가 잠깐 정지한 높은 곳에서는 모두 퍼텐셜 에너지로 변환된 것이다. 결국 가장 낮은 위치에서 속도가 더 빠른 그네가 더 높은 곳까지 오른다.

그네를 타고 360도 회전을 한다는 것은 그네의 진폭이 점점 커져서 그네가 한순간도 멈추지 않고 수직 방향으로 가장 높은 위치를 지나 계속 운동한다는 뜻이다. 그네가 360도 운동을 하려면 그네가 가장 낮은 곳에 있을 때의 속도가 충분히 커야 한다. 이 속도가 얼마나 빨라야 그네가 360도 회전하는 것이 가능한지는 그리 어렵지 않게 계산할 수 있다.

그림으로 설명해 보자. 그네를 타고 무릎을 굽혔다 피며 점점 속도를 올리자. 점점 속도가 빨라지면서 그네는 더 큰 진폭으로 왕복 운동을 하게 된다. 점점 진폭이 커지다 보면 그네는 그림의 맨 위 위치인 A까지 도달한 다음 그대로 이곳을 지나쳐 원운동을 하는 것이 가능할까?

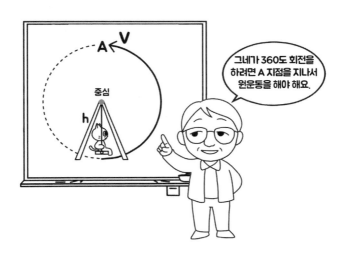

그네가 가장 높은 위치 A에 있을 때의 속력을 V라고 하고, 그네 줄의 길이를 h라고 하자. 그네가 A를 지나서 원운동을 계속하기 위해서는 이 위치에서 원운동의 회전 중심 방향의 힘을 모두 더한 구심력이 물체의 질량에 구심가속도를 곱한 것과 같아야 한다. A에서 물체에 작용하는 힘은 중력 mg와 줄의 장력 T인데, 원운동을 아슬아슬하

게 계속하기 위한 최소의 구심력은 $T=0$에 해당하므로 결국 물체는 $mg < \frac{mV^2}{h}$를 만족해야 원운동을 계속할 수 있게 된다. 즉 가장 높은 위치인 A에서의 물체의 속력은 $V > \sqrt{gh}$를 만족해야 A를 지나쳐 계속 원운동을 하게 된다.

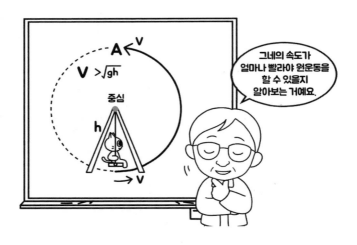

한편, 그네가 가장 아래쪽에 있을 때의 속력을 v라고 하면 그때의 운동에너지 $\frac{1}{2}mv^2$가 위치 A에서의 역학적 에너지인 $2mgh + \frac{1}{2}mV^2$과 같아야 역학적 에너지 보존 법칙을 만족하게 된다. 앞에서 구한 조건 $V > \sqrt{gh}$를 이용하면 $v^2 = 4gh + V^2 > 4gh + gh = 5gh$의 조건을 얻게 된다. 따라서 그네가 가장 아래에 있을 때의 속력 v가 $\sqrt{5gh}$보다 크면 그네가 360도 원운동을 계속할 수 있게 된다. 그네의 길이를 약 3m로 가정하고 계산하면 가장 아래에 있을 때의 속도가 초속 13m/s 정도보다 크면 360도 그네 회전이 가능하다는 결론이다.

위에서는 그네가 쇠사슬이나 줄처럼 길이가 변할 수 있는 상황을 생각했다. 만약 그네 줄이 딱딱한 막대기 꼴이라면 A의 위치에서 그네의 속력이 0보다 아주 조금만 커도 물체가 아슬아슬하게 A를 지나 회전을 계속하게 된다. 이 경우에는 $\frac{1}{2}mv^2 > 2mgh$의 조건을 만족하게 되어서 $v > 2\sqrt{gh}$의 조건을 얻게 된다. 길이가 3m인 그네라면 막대에 매달린 그네가 360도 회전을 하기 위한 조건은 $v > 11$m/s이다. 계산을 통해 확인해 보니 그네를 타고 360도 회전하는 것은 얼마든지 가능하다. 줄로 연결한 그네는 아래에서의 속도가 13m/s면 360도 회전이 가능하고, 딱딱한 막대로 연결한 그네는 아래에서의 속도가 11m/s면 360도 회전이 가능하다. 딱딱한 막대로 만든 그네가 더 유리하다는 것이 흥미롭다.

아니다 다를까 360도 회전하는 그네를 보여주는 동영상에는 딱딱한 막대로 연결된 그네가 나온다. 쉽게 휘는 줄이나 쇠사슬로 된 그네로 360도 회전을 하는 것은 어렵다. 왜 그럴까? 물론 처음에 그네가 가장 낮은 곳에서의 속력을 $\sqrt{5gh}$보다 크게 하면 360도 회전이 가능하다. 하지만 우리가 그네를 탈 때는 느린 속도로 시작해서 점점 속도를 올리게 된다. 결국 $\sqrt{5gh}$의 속도에 도달하기 전에 $2\sqrt{gh}$에 먼저 도달하게 된다. 가장 낮은 위치에서 이 속력을 가지고 움직이는 그네의 경우 가장 높은 곳까지 오를 수는 있지만 큰 문제가 있다. 정확히 $2\sqrt{gh}$의 속도로 출발하면 가장 높은 곳에 그네가 도달한 다음에 그 위치에서 순간적으로 정지하게 된다. 그리고 곧이어 부드러운 밧줄로 연결된 그네는 사람과 함께 똑바로 아래를 향해 낙하하게 된다.

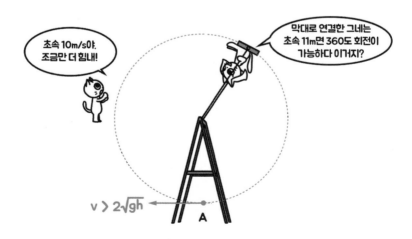

그네의 발판을 위로 하고 머리를 땅쪽으로 한 사람이 그대로 떨어지면 크게 다칠 수도 있고 다치지 않더라도 그네를 계속 타기는 어렵지 않을까? 밧줄로 만든 그네로는 아무런 외부의 도움 없이 스스로 360도 그네 타기를 하는 것은 불가능하다.

지구가 정육면체 모양이라면 어떤 일이 벌어질까?

무척 흥미로운 질문이다. 현실에서는 불가능한 상황을 상정하고 주어진 상황에서 어떤 현상이 발생하는지를 논리적으로 탐구하는 것이 물리학자들이 자주 하는 사고 실험이다. 지구를 제외한 우주의 모든 것은 지금 그대로 남겨두고 지구의 모습만 둥근 구에서 정육면체로 바뀐다면 어떤 일이 생길까? 정육면체 지구에 관련된 사고실험을 진행해 보자. 먼저 정육면체 지구의 모든 곳에서 낮에 동시에 관찰하면 지구로부터 멀리 있는 태양은 어디서나 고도가 같다. 해가 떠 있는 낮에는 어디에 막대를 세워도 막대 그림자의 길이가 같다. 현실에서는 우리나라가 오후 시간일 때 유럽에서는 아침을 맞는 것처럼 시차가 있지만 정육면체 지구에는 시차가 없다.

또 중력에 대해서도 생각해 보아야 한다. 둥근 지구라면 지구 표면의 어느 위치에 있어도 중력의 크기는 같고 방향은 지구의 중심을 향한다. 하지만 지구가 정육면체 모양이면 지구 표면에서의 중력이 일정하지 않다. 지구의 중심에서의 거리가 위치마다 다르기 때문이다.

지구가 정육면체라면 정육면체의 한 면을 이루는 정사각형의 한가운데 부분에서는 중력 방향이 정사각형의 표면에 수직인 방향이라서 똑바로 아래를 향한다. 가운데에서 시작해서 정육면체의 한 모서리를 향해 걸어가면 중력의 방향이 지면에 수직이 아니게 된다. 만약 우리가 이런 지구 위에서 실제로 살아간다면 놀랍고도 흥미로운 모습을 보게 될 것이다. 한가운데에 있으면 지면과 똑바로 서고, 모서리 쪽으로 갈수록 점점 몸이 기울어져 이상하게 걸어야 할지도 모른다. 그런 상황에서라면 지금 우리가 걷듯이 지면에 수직 방향으로 똑바로 서서 걸을 수 없다.

정육면체 모양의 지구의 바다는 어떨까? 지구의 모습과 상관없이

바다의 표면은 바로 그 위치에서의 중력에 수직 방향이다. 정육면체 지구의 경우, 정사각형 모양인 한 면의 한가운데라면 중력이 지면에 수직 방향이어서 수면과 지면이 평행하다. 하지만 한가운데에서 모서리를 향해 비껴 있는 위치에서는 중력이 지면에 수직이 아닌 기울어진 방향으로 작용해서 수면이 지면과 다른 방향으로 기울어진다. 결국 정육면체 지구의 바닷물 표면은 마치 사발을 엎어 놓은 모양이 된다. 바다뿐만이 아니라 내륙에 있는 호수 표면도 마찬가지다. 정육면체 모양의 땅에서 살고 있는 사람이 호수를 보면 땅은 평평한데 가운데 부분이 볼록하게 솟아 있는 호수에서 물고기를 잡게 될 것이다.

만약 사람들이 이런 풍경을 늘 목격하고 살아간다면, 그들은 자기

물리학으로 따져보는 상상 실험실

가 둥근 지구가 아니라 정육면체의 지구에서 살고 있다는 것을 아주 쉽게 깨달을 수 있을 것 같다. 땅은 평평한데 수면이 봉긋하고, 한쪽 방향으로 땅 위를 계속 걸어가다 보면 몸이 점점 지면에 대해 기울게 된다. 이런 현상을 매일매일 경험하는 사람은 지구의 모양을 이렇게 추측할 것이다.

'아, 지구는 둥글지 않아. 우리는 네모난 지구에 살고 있다고!'

내 목소리와 녹음된 목소리는 왜 다를까?

『김범준의 이것저것의 물리학』이라는 책에서 다루었던 질문 하나를 소개하고자 한다. 녹음된 내 목소리는 왜 다르게 들릴까?

먼저 어떤 목소리가 진짜인지 생각해 보자. 우리가 말할 때 자신이 듣는 목소리가 진짜 목소리일까? 아니면 외부로 송출되어 녹음된 목소리가 실제 자신의 목소리일까?

결론부터 말하자면, 녹음된 목소리가 자신의 진짜 목소리에 가깝다. 녹음한 내 목소리는 낯설게 들려도 친구의 목소리는 녹음해서 듣든 대화를 나누며 직접 그 자리에서 듣든 똑같게 느껴지는 것이 그 증거다. 다른 사람과 이야기하며 듣는 내 목소리는, 상대방이 듣는 내 목소리와 다르다는 뜻이다. 그렇다면 왜 녹음해서 듣는 자신의 목소리를 우리는 다르게 느낄까?

바로 이 현상을 연구한 논문이 있다. 논문 연구자들은 먼저 머리뼈를 통해 소리가 전달되는 과정에서 소리의 진동수가 낮아지는 경향이 있다는 것에 주목했다. 그렇다면 목소리를 녹음하여 재생할 때 저음을 강조하는 방향으로 변조해 들려주면 사람들은 자신의 목소리로 느낄까?

논문의 저자들은 이 가설의 타당성을 실제 실험을 통해 살펴봤다. 저음을 강조해서 들려주어도 사람들은 자신의 목소리로 느끼지 못한다는 결과를 얻었다. 저음 변조가 이 현상의 원인이 아니라는 이야기다.

논문의 연구자들은 '우리가 말할 때 전달되는 머리뼈의 울림이 녹음된 목소리와 말할 때 직접 듣는 내 목소리의 차이를 만든다'는 가설을 제시하고 이를 확인할 수 있는 실험을 진행했다. 그 방법이 아

물리학으로 따져보는 상상 실험실

주 흥미롭다. 헤드폰 중에는 골전도 헤드폰이 있다. 골전도 헤드폰은 소리를 전달할 때 머리뼈를 진동시켜서 그 진동으로 소리를 전달하는 헤드폰이다. 연구자들은 이 골전도 헤드폰을 이용해 사람들에게 녹음된 자신의 목소리를 들려주고 이를 자신의 목소리로 느끼는지 실험했다.

실험 결과, 이렇게 골전도 헤드폰으로 재생된 소리를 자신의 목소리로 느끼는 사람이 많다는 것을 알아냈다. 우리가 자신의 목소리를 인식할 때, 공기를 통해 외부에서 전달되는 음성 정보만을 이용하는게 아니라 머리뼈의 진동에 관련된 정보도 함께 이용한다는 흥미로운 결과다. 즉, 내 목소리와 녹음된 목소리가 다른 이유는 녹음된 목소리에는 내 머리뼈의 진동에 관련된 정보가 없어서다.

사람들이 질문했던 내용 중, 엉뚱하면서도 흥미로운 질문에 대해 이야기해 보았다. 과학은 현실과 동떨어져 수식으로만 존재하는 것이 아니다. 많은 사람이 과학의 눈으로 우리 주변의 현상들을 살펴보려 노력하기를 희망한다. 과학의 눈으로 본 세상은 정말 놀라움과 신비함으로 가득하다.

이과를 화나게 하는 '짤'을
본 물리학자의 반응

물리학자로서 지겹도록 많이 들은 질문

"물리학은 천재들만 할 수 있나요?" 많은 물리학자가 익숙하게 듣는 질문이다. 물론 물리학자 중에는 천재들이 있다. 하지만 현재 활동하고 있는 모든 물리학자가 천재일 리는 당연히 없다. 시간, 공간, 운동, 에너지처럼 추상적인 개념을 자주 다루고, 물리학의 논의 과정에서 어려워 보이는 수학을 자주 이용하기 때문에 사람들이 물리학이 너무 어렵다고 생각하는 것이 아닌가 싶다. 하지만 잊지 마시길. 20세기 초 기존의 고전 물리학을 혁명적으로 뒤바꾼 양자역학 같은 새로운 물리학 체계를 만들어내려 연구하는 현대 물리학자는 극소수다. 거의 대부분의 물리학자는 혁신적인 새로운 물리학 이론을 만들어내는 것이 아니라, 이미 확고하게 자리잡은 물리학 체계 안에서 아직 다른 물리학자가 탐구하지 않은 주제를 찾아 연구한다. 세상에 물리학의 연구 대상이 될 수 있는 것은 정말 많고, 새로운 물리학 이론 체계를 만들어내는 것이 아니라도 연구자들의 흥미를 자극할 문제는 차고 넘친다.

천재가 아니어도 얼마든지 물리학을 할 수 있다. 주변 물리학자로부터 재밌는 비유를 들은 적이 있다. 음악에는 작곡을 하는 사람, 지휘를 하는 사람, 악기를 연주하는 사람, 그리고 음악을 듣는 사람이 함께 참여한다. 음악을 즐기기 위해 우리 모두 베토벤 같은 작곡가가 되어야 하는 것은 아니다. 물리학도 마찬가지다. 뉴턴이나 아인슈타인처럼 세상에 없던 물리학을 만들어내는 뛰어난 사람도 있지만, 물리학을 즐기기 위해서 모두 이런 천재여야 하는 것은 아니다. 독자도 마찬가지다. 악기를 연주하는 것을 배우지 못해도 우리 모두 음악을 즐길 수 있듯이, 물리학자처럼 공부하지 않아도 얼마든지 물리학을 즐길 수 있다.

사람들은 물리학자들이 사용하는 수학이 너무 어렵다고 하지만, 나는 동의하기 어렵다. 수학자들의 수학에 비해서는 훨씬 쉽다. 물리학에서 수학은 그 자체가 아니라 연구를 진행하는 도구에 가깝다. 우리가 어떻게 망치를 만들어내는지 잘 몰라도 망치를 유용한 도구로 이용할 수 있듯이, 물리학자들은 자신들이 이용하는 수학에 대한 깊은 지식이 없어도 얼마든지 자유롭게 수학자들이 만들어 놓은 수학을 도구로 이용할 수 있다.

가장 어이없었던 질문은?

물리학자로 살면서 많은 질문을 받았다. 안 될 게 뻔한 영구기관에 대한 질문은 언제 들어도 곤혹스럽고 난감하다. 정말 엉뚱한 다른 주장을 들은 적도 있다. 운동에너지를 구하는 공식은 '$E=\frac{1}{2}mv^2$'인데, 한사코 '앞에 $\frac{1}{2}$ 없이 그냥 mv^2이다'라고 주장하는 사람도 있었다. 뉴턴의 운동 방정식 $F=ma$를 적분하면 운동에너지의 표현에 자연스럽게 $\frac{1}{2}$이 등장한다. 운동에너지의 표현에서 $\frac{1}{2}$을 없애려면 $F=ma$가 아

물리학으로 따져보는 상상 실험실

니라 $F=2ma$로 적어야 한다. $F=ma$와 $E=\frac{1}{2}mv^2$는 이처럼 서로 연결되어 있어서, 하나는 옳다고 받아들이면서 다른 하나를 틀리다고 할 수는 결코 없다.

무환동력 배터리

인터넷 밈^{meme} 중에 '짤'이라는 것이 있다. 사람들을 웃기거나 재미를 주려고 인터넷 커뮤니티나 SNS 등에 올리는 이미지 파일을 짤이라고 한다. 이번 주제는 짤과 관련된 것이다. 이과를 화나게 하는 짤이라고 할 수도 있지만, 사실 이런 짤을 보면 화가 난다기보다는 무척 흥미롭다고 생각하게 된다. 사람들이 과학과 물리학에 대해서 어떤 그릇된 개념을 가지고 있는지도 알 수 있을 뿐 아니라, 일부 짤은 내가 생각해 보지 못한 근본적인 물리학의 질문을 드러내기도 한다.

이과를 화나게 하는 첫 번째 짤의 제목은 '무환동력 배터리'다. 열역학 제 1법칙인 에너지 보존 법칙을 위반하는 장치를 1종 영구기관, 열역학 제 2법칙인 엔트로피 증가의 법칙을 위반하는 장치를 2종 영구기관이라고 한다. 1종 영구기관은 외부에서 공급한 에너지보다 더 큰 에너지를 출력하는 장치여서 에너지 보존법칙을 위반하고, 2종 영구기관은 공급된 열에너지 전부가 아무런 손실 없이 역학적인 일을 할 수 있는 열효율이 정확히 1인 장치를 의미해서 엔트로피 증가의 법칙을 위반한다. 많은 사람이 아무런 한계 없이 무한히 작동하는 장치를 무한동력 장치라고 하는데, 이는 1종 영구기관에 해당한다.

실수가 아니라면, 짤의 제목인 무환동력은 고의로 무한동력의 무한을 무환으로 바꿔 적은 것으로 보인다. 짤에는 배터리가 세 개 보이는데, 첫 번째 배터리의 출력으로 두 번째 배터리를 충전하고, 두 번째 배터리의 출력으로 세 번째 배터리를 충전하고, 마지막으로 세 번째 배터리의 출력으로 다시 첫 번째 배터리를 출력하는 꼴로 각각 다음 연결된 배터리를 충전하는 모습이다. 이 과정이 끊임없이 이어지면 모든 배터리를 충전할 수 있다는 아이디어를 보여주고 싶었던 것 같다.

이 짤은 과학적으로 성립할 수 없는 아이디어다. 배터리에서 출력되는 전기 에너지의 양은 배터리를 충전할 때 공급한 전기 에너지보다 항상 적을 수밖에 없다. 배터리 자체가 가진 전기 저항(이를 내부

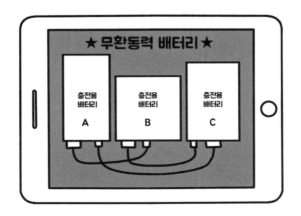

물리학으로 따져보는 상상 실험실

저항이라고 한다)과 배터리를 연결하는 전기 도선이 가진 저항이 있어서, 전류가 흐르면서 배터리와 도선에서 열이 발생해 에너지의 일부가 밖으로 소실되기 때문이다. 전기 저항에 의한 발열 현상으로 말미암아 배터리에서 출력된 에너지는 입력된 에너지보다 작을 수밖에 없다. 또 공급된 전기 에너지가 아무런 손실 없이 배터리 안의 화학적 에너지로 전환될 수도 없다. 따라서 짤에서와 같이 배터리 A가 B를 충전하고, B가 C를 충전하고, C가 다시 A를 충전하도록 연결하면 결국 세 배터리가 가진 에너지가 시간이 지나면서 모두 소실되게 된다. 이 짤에 들어 있는 연결된 세 개의 배터리는 영구기관이나 무한동력 기관으로는 쓸 수 없다. 아, 물론 주머니 난로로 쓸 수는 있겠다. 세 배터리에 충전되어 있는 에너지가 함께 줄어들면서 열이 발생하니 말이다.

이 짤의 제목이 무척 흥미롭다. 짤을 만든 이는 왜 한계가 없다는 뜻인 '무한無限'이 아니라 '무환'이라고 했을까? 이 짤 제목의 무환의 '환'이 둥근 고리를 뜻하는 고리 환環이라면 고리 모양의 회로를 보여주면서 고리가 아니라고 주장한 셈이어서 짤의 제목과 내용이 모순된다. 어쩌면 고리 모양으로 되돌아오는 동력 장치를 만들 수는 없다는 뜻으로 무환동력이라고 제목을 달았다면, 무한동력이 불가능하다는 심오한 의미를 담은 옳게 붙인 제목일 수 있다. 다른 생각도 할 수 있다. 만약 짤 제목의 무환이 '바꿀 수 없다', 혹은 '교환할 수 없다는 의미의 무환^{無換}이라면, A에서 B를 거쳐 C로 에너지가 전달되는 것은 가능하지만 거꾸로 C에서 B를 거쳐 A로 에너지가 전달될 수는 없다는 뜻일 수도 있다. 만약 짤을 만든 이가 '무환'을 이런 뜻으로 썼다면, 이 또한 오히려 해학이 넘치는 과학 유머일 수도 있다. 짤 제목을 無環 또는 無換로 생각해 보면, 이 짤을 만든 이가 정말 멋지게 무한동력이 불가능하다는 것을 재밌게 주장한 것일 수 있다. 기억하시라. 무한동력은 불가능하다. 무한동력은 고리^環 모습으로 구현할 수 없고, 따라서 무환^{無換}이다.

물리학으로 따져보는 상상 실험실

사과를 공중에 띄우는 방법

다음에 소개할 짤에는 사과를 공중에 띄워 공짜 사과를 계속 얻는 방법이 들어 있다. 과연 어떻게 공짜 사과를 얻을 수 있을까? 그 불순한 방법을 같이 살펴보자.

먼저 과일가게에서 100g 질량의 사과 하나를 사자. 요즘은 이보다 훨씬 비싸지만, 편의상 사과 하나를 1천원에 샀다고 해보자. 그리고 사과에 주사기를 꽂고 헬륨 기체를 주입한다. 주로 질소와 산소 분자로 이루어진 공기보다 헬륨이 더 가볍다. 헬륨 기체를 담은 풍선이 떠오르는 것도 헬륨 기체의 밀도가 공기보다 작아서, 공기를 채운 풍선보다 헬륨 풍선이 가볍기 때문이다. 공기 중에 놓인 어떤 물체에도 서로 다른 두 종류의 힘이 작용한다. 하나는 지구가 물체를 아래로

잡아당기는 중력이고, 다른 하나는 주변의 공기가 물체를 위로 밀어 올리는 부력이다. 만약 물체의 평균 밀도가 공기의 밀도보다 작다면 부력이 중력보다 커서 물체는 공기 중에서 떠오르게 된다. 밀도가 작은 기체인 헬륨을 채운 풍선도 부력이 중력보다 커서 떠오른다. 만약 충분히 큰 부피의 헬륨 기체를 내부에 담아서 유지할 수만 있다면 물체를 공기 중에서 떠오르게 할 수 있다.

지금 소개하고 있는 짤에 담긴 아이디어가 재밌다. 밀도가 작은 기체인 헬륨을 사과에 주입해서 부력을 더 크게 한 사과를 과일가게에 다시 가지고 가서 과일가게 주인 앞에서 사과의 무게를 재서 보여주는 거다. 헬륨을 주입한 다음에 재면 저울의 눈금이 가리키는 사과의 무게는 헬륨을 주입하기 전에 잰 무게보다 줄어든다. 그러고는 주인에게 "잘 보세요. 조금 전에 100g이라고 했는데 50g밖에 안 되잖아요."라고 불평하자. 눈금을 확인한 과일가게 주인은 "이상하네. 아까 사과를 팔 때는 100g이었는데……." 하면서 곤혹스러움을 느끼겠지만 저울이 가리키는 눈금이 50g에 불과하니 50g의 차이에 해당하는 작은 사과를 하나 더 주거나, 아니면 이전에 받았던 사과값의 일부인 5백원을 돌려줄 수밖에 없다. 이렇게 5백원을 번 다음에는 헬륨을 다시 빼서 100g이 된 사과를 다른 사람에게 1천원에 파는 거다. 처음 1천원을 투자해서 1천 5백원을 벌었으니 큰 이득이다. 이 방법을 여러 번 되풀이하면 계속 돈을 벌어 부자가 될 수 있다는 게 짤을 만든 사람의 재밌는 생각이다. 과연 이렇게 돈을 벌 수 있을까?

이 계획이 성공하기 위해 필요한 조건이 있다. 먼저, 사과 껍질이 안에서 밖으로 이동하려는 헬륨 기체를 완벽히 차단할 수 있어야 한다는 것이다. 게다가 과일가게 주인을 완벽히 속이려면 사과의 겉모습과 부피가 헬륨 기체를 넣어도 변하지 않아야 한다. 자, 만약 헬륨의 유출을 완벽히 사과 껍질이 차단할 수 있다고 가정하고, 헬륨을 주입해도 사과 전체의 부피가 전혀 변하지 않는다면 어떤 일이 생길까?

헬륨은 원자번호가 2번인 아주 가벼운 기체지만 당연히 질량이 있다. 헬륨을 주입한 사과의 질량은 주입 전 사과의 질량보다 아주 조금일 수는 있지만 어쨌든 질량이 커진다. 따라서 아래 방향의 중력도 커진다. 그렇다면 헬륨을 주입한 사과에 작용하는 부력은 어떻게 변할까? 부력의 크기를 결정하는 것은 물체의 부피와 물체를 둘러싼 유체의 밀도다. 헬륨을 주입한 사과의 부피에 아무런 변화가 없다면 부력도 변화가 없다.

결론은 헬륨을 주입한 사과에 작용하는 부력은 변화가 없지만 중력이 오히려 더 늘어난다는 것이다. 결국 헬륨을 주입한 사과의 무게를 저울로 재면 줄어드는 것이 아니라 오히려 늘어난 값이 측정된다. 헬륨을 주입한 사과를 가지고 과일가게 주인 앞에서 무게를 재면 주인은 사과값을 오히려 더 청구하게 된다는 얘기다.

같은 상황을 가정해서 어떤 물질도 사과 껍질을 통과할 수 없고 사과의 겉모습과 부피가 전혀 변하지 않는다면, 오히려 사과 내부의 기체를 밖으로 **빼서** 일부를 진공으로 하는 것이 더 낫다. 이렇게 하면 사과의 전체 질량은 감소해서 중력이 줄어드는 데 비해서 일부가 진공으로 바뀌어도 부피가 변하지 않는 사과라면 부력은 일정하다. 결국 헬륨 기체를 주입하지 말고 진공펌프를 이용해서 사과 내부의 공기를 밖으로 **빼내는** 것이 현명한 방법이라는 결론이다.

그렇다면 현실은 어떨까? 현실에서는 사과 껍질처럼 어떤 막으로 둘러싸인 공간으로 헬륨 가스를 주입하면 헬륨은 웬만한 물질로 이루어진 막은 그냥 통과해 버린다. 헬륨이 워낙 가볍고 작은 원자라 그렇다. 헬륨의 원자는 크기가 작아서 사과 껍질을 구성하는 분자 사이 빈 공간을 통해서 밖으로 유출되기 쉽기 때문이다. 실제로 사과에 주사기로 헬륨을 주입하면 아주 짧은 시간에 주입한 헬륨이 밖으로 다시 탈출한다. 과일가게 주인에게 따지려고 사과를 꺼내는 순간 이미 헬륨은 공기 중으로 날아가 버릴 것이다.

만약 헬륨을 주입한 사과의 부피가 마치 풍선처럼 충분히 커지고, 다행스럽게도 과일가게 주인이 늘어난 사과의 부피를 눈치채지 못한다면 어떨까? 물론 이 경우 부력이 커져서 사과의 무게가 줄어든 것으로 측정될 가능성은 있다. 하지만 이것도 그리 현실적이지 않다. 빵빵하게 커진 사과를 주인이 자신이 처음 판매한 사과와 같은 사과라고 여기기는 쉽지 않을 것 같다. 또한 빠르게 유출되는 헬륨을 계속 공급하려면 다량의 헬륨 기체가 필요할 텐데, 문제는 헬륨이 상당히 비싼 물질이라는 것이다. 1L 정도의 액체 헬륨을 사려면 몇만 원 정도는 주어야 한다. 게다가 만약 헬륨을 다량 포함한 사과가 가능하다고 해도 위에서 설명한 이유로 사과의 무게는 오히려 늘어난 것으로 측정된다. 헬륨을 주입하지 말고 먼저 진공펌프로 시도해 보시길.

인생은 속도가 아니라 방향이다

'인생은 속도가 아닌 방향이다.' 우리나라에서는 이 말을 요한 볼프강 폰 괴테Johann Wolfgang von Goethe가 한 것으로 알려져 있지만, 괴테가 이 말을 했다는 출처를 찾을 수는 없었다. '내일 지구가 멸망해도 나는 오늘 사과나무를 심겠다'는 말을 철학자 스피노자가 했다는 것도 비슷했다. 스피노자 철학을 전공한 분께 물어보았는데, 스피노자가 이 말을 했다는 근거는 어디에서도 찾을 수 없다고 들었다.

아무튼 누가 한 말인지는 모르겠지만, 인생은 속도가 아니라 방향이라는 말은 참 멋지다. 우리 인생은 무언가를 이루기 위해 얼마나 빨리 달려가느냐보다 무엇을 향해 나아가는지가 더 중요하다는 멋진 의미를 담고 있다. 멋진 말이라고 해서 과학적으로 엄밀한 말은 아니다. 자세히 살펴보자.

'속도는 속력과 방향을 합친 벡터vector값입니다. 방향을 이미 내포하고 있죠. 속력으로 고쳐야 합니다.'라고 말하는 과학자들이 있다. 전적으로 맞는 말이다. 물리학에서 속력은 물체의 빠르기를 나타내는 척도로서 얼마나 빠른지 느린지를 하나의 숫자로 표시해 크기만을

가진 양이다. 한편 속도는 어느 방향으로 얼마나 빠르게 가는지를 나타내는 물리량으로 크기와 방향을 함께 갖는다. 물리학자들은 속력처럼 크기만 나타내는 물리량을 '스칼라scalar'라고 하고, 속도와 같이 크기도 있고 방향도 정의된 물리량을 '벡터vector'라고 한다. 사실 물리학에서는 속도 벡터의 크기가 바로 스칼라인 속력이다.

짤에서는 바로 이 부분을 지적하고 있다. 속도는 크기와 방향을 함께 갖는 벡터이고 속력은 크기만 갖고 있는 스칼라이므로, 속도를 속력으로 바꾸어야 한다는 것이다. 그렇다면 과학적인 사실에도 부합하면서 '인생은 속도가 아닌 방향이다'라는 표현에 숨은 의미까지 정확히 전달하려면 어떻게 바꿔야 할까?

'인생에선 속력이 중요한 게 아니라 속도의 방향이 더 중요하다.' 이렇게 바꾸면 과학자들도 큰 불만은 없을 것 같기는 한데, 나는 이

물리학으로 따져보는 상상 실험실

짤을 보면서 우리말의 물리학 용어에 대한 생각이 깊어졌다. 우리는 뜨겁고 차가운 정도를 숫자로 나타낼 때 '온도'라는 표현을 쓴다. 그런데 온도는 방향을 갖고 있을까? "지금 내 체온이 36.5도다."라고는 해도 "내 체온은 지금 동쪽 방향으로 36.5도다."라고 하는 사람은 없다. 온도는 방향은 정의되어 있지 않고 크기만 의미 있는 스칼라다.

다음은 중력을 보자. 어떤 물체를 떨어뜨리면 아래로 떨어진다. 중력의 방향이 아래쪽이기 때문에 물체도 아래 방향으로 떨어지는 것이다. 중력은 물체의 질량에 비례하는 크기도 가지고 있다. 이렇게 중력은 방향과 크기를 함께 가지고 있는 벡터다. 즉, 온도는 스칼라고, 중력은 벡터다. 두 단어에 담긴 글자를 살펴보면 '도'라는 글자로 끝나는 온도는 스칼라고 '력'이라는 글자로 끝나는 중력은 벡터라는 것을 알 수 있다.

그렇다면 속도와 속력은 어떤가? '도'로 끝나는 속도가 거꾸로 벡터이고, '력'으로 끝나는 속력은 스칼라다. 물리학의 여타 용어와는 다르게 '도'와 '력'의 의미가 반대로 정의되어 있는 걸 볼 수 있다. 과거 우리나라는 서구의 물리학 개념을 주로 일본을 통해 받아들였다. 일본의 번역가들이 정리해 놓은 여러 용어 중에 속도와 속력은 물리학자들이 사용하는 온도의 '도'와 중력의 '력'이 거꾸로 정의되어 있어 안타까움을 느끼곤 한다. 만약 내 생각에 동의한다면, '인생은 속도가 아닌 방향이다'에서 속도를 속력이라고 고쳐야 할 필요는 없다. 이 멋진 문장에서 '속도'는 현재 물리학자들이 사용하는 개념의 속력이 아닌 '크기만을 갖고 있는 양으로서의 속도'를 적은 것이 아닌가 싶기도 하다. 여하튼 무심하게 쓰던 용어에 대해 깊은 고민을 던져준 멋진 짤을 보면 자연스럽게 '꼬꼬무'를 하게 된다.

크기만 있는 것은 스칼라, 크기와 방향이 동시에 있는 것은 벡터라고 했는데, 그렇다면 크기는 없고 방향만을 갖고 있는 양은 없을까? 궁금하지 않은가?

결론부터 말하면 그런 물리량을 나타내는 개념이 있다. 물리학에서는 방향만을 갖고 있는 양을 '레이ray'라는 멋진 용어로 나타낸다.

'ray'는 '광선'이라고 번역할 수 있다. 빛이 일직선으로 뻗어가는 광선의 모습을 떠올려 보라. 우리는 광선에 대해서 방향은 생각하지만 길이를 이야기하지는 않는다. 물리학에서 레이도 마찬가지여서 크기는 정의되지 않고 방향만을 갖는 물리량이라는 것이 중요하다. 그중 가장 대표적인 것이 양자역학의 파동함수다. 물리학자들이 추상적인 공간에서 양자 상태를 기술할 때 크기는 전혀 중요하지 않고 방향만이 중요하다.

그렇다면 시간은 스칼라일까, 벡터일까? 시간은 1초, 2초, 1시간, 2시간처럼 크기를 이야기할 수 있다. 또 시간은 과거와 미래라는 두 가지 방향도 있다. 그러나 시간을 벡터라고 부르지는 않는다. 물리학자들이 1차원에서 정의하는 양들은 벡터와 스칼라로 굳이 구별하지 않기 때문이다. 시간은 보통 스칼라로 생각한다.

블루투스 샤워기를 만드는 방법

다음 짤은 블루투스bluetooth 샤워기다. 아무런 연결도 없이 정보를 전달하는 블루투스의 속성에 착안한 상상이다. 우리가 일상에서 이용하는 샤워기는 수도관에 직접 연결되어 물이 공급되는데, 이 짤의 샤워기는 수도관과 분리되어 있다. 샤워기의 꼭지 끝에 블루투스 수신기를 장착하고 수도관이 연결된 쪽에는 블루투스 송신기를 장착한다. 이렇게 둘을 떨어뜨려 놓아도 블루투스가 물을 전달해서 샤워를

할 수 있다는 아이디어가 짤에 담겨 있다.

　당연히 원격 블루투스 송수신 장치를 이용해 결코 물을 전달할 수는 없다. 말도 안 되는 상상이지만 이런 아이디어가 어떻게 떠올랐는지는 짐작할 수 있다. 우리 눈에 블루투스 송신기에서 수신기 둘 사이의 공간을 통해 전달되는 무언가가 보이지는 않는다. 아마도 이 짤을 만든 사람은 우리 눈에 보이지 않는데 정보가 전달되는 것이 무척이나 신기했던 모양이다. 그래서 샤워기의 물도 블루투스로 전달될 수는 없을지 재밌게 상상해본 모양이다.

　수도관을 통해 공급된 물을 샤워기 꼭지에 전달하기 위해서 꼭 연결 호스가 필요한 것은 아니다. 한쪽에서 충분히 큰 수압으로 특정 방향에 물줄기를 분사하고, 물줄기가 도착한 곳에 샤워기 꼭지를 부착한다면 원칙적으로 불가능할 리는 없다. 상당히 비효율적인 샤워

기가 되겠지만. 이런 방식의 샤워기라면 수도꼭지에서 샤워기 꼭지로 이어지는 물줄기가 눈에 보일 테니, 짤처럼 둘 사이에 물줄기가 보이지 않을 도리는 없다.

물을 직접 전달하는 게 아니라 샤워기 꼭지에서 저절로 물이 나오게 하는 방법이 꼭 불가능한 것은 아니다. 샤워기 꼭지에서 액체 상태의 물을 직접 생성하면 된다. 우리 눈에 보이지 않아도 우리가 숨쉬는 대기 중에도 상당한 양의 물이 기체인 수증기 상태로 존재한다. 수증기를 액체 상태인 물로 응축하는 것이 불가능한 것은 아니지만, 샤워를 할 수 있을 정도의 물이 샤워장 정도 크기의 대기로부터 제공될 리는 없다. 물론 커다란 규모로는 가능하다. 우리 얼굴을 적시는 비도 수증기가 물방울로 응결된 것이니 말이다. 지면 근처의 대기는 온도가 높아서 많은 물이 기체 상태로 존재할 수 있고, 이런 수증기는 위로 상승하면서 낮은 온도의 대기와 만나 작은 물방울로 응결해 구름을 이루었다가 결국은 빗방울로 다시 지면 근처로 떨어진다.

다른 방법도 있다. 샤워기 꼭지 부분에 수소와 산소가 담긴 용기를 연결하고 둘을 반응시켜 물을 만들 수도 있다. 이런 방식으로 물을 만들어 샤워 용도로 사용하려면 샤워 장치의 크기가 커야 해서 한 손으로 들고 샤워를 하기는 어렵겠지만 말이다. 그런데 굳이 이런 방식으로 할 것이라면 그냥 지금 우리 사용하는 샤워기처럼 샤워기 꼭지 부분과 물탱크를 파이프로 연결하는 것이 훨씬 낫겠다.

어이없는 짤을 본
과학자의 찐반응

거울로 보는 내 얼굴 VS 남이 찍어준 사진

우리가 거울을 통해 보는 얼굴은 실제 자신의 얼굴과는 다르다. 거울은 왼쪽과 오른쪽이 뒤바뀐 모습을 비추기 때문이다. 한편 사진은 굳이 일부러 뒤집지 않는다면 좌우가 바뀌지 않는다. 사진은 외부에서 들어온 상을 그대로 기록하고, 우리는 그 기록을 보기 때문이다. 그러므로 다른 사람에게 보이는 나의 모습은 거울에 비친 모습이 아니라 사진에 찍힌 모습이다.

거울에 비친 모습과 사진의 차이가 크면 클수록 얼굴 가운데를 기준으로 해서 왼쪽과 오른쪽이 대칭이 아니라는 이야기다. 얼굴의 대칭성과 관련해서 많이 알려진 이야기는 '얼굴의 좌우가 대칭일수록 우리는 그 사람을 더 아름답다고 생각하는 경향이 있다'는 것이다. 이와 관련된 것이 국가별 평균 얼굴 사진이다. 각국 사람의 사진을 모은 다음 그 사진을 반투명 레이어로 만들어 계속 쌓아 올리면 일종의 평균 얼굴을 구할 수 있다. 그런데 여러 사진을 쌓아 올리다 보면 어떤 사람은 왼쪽 눈이 크고, 어떤 사람은 오른쪽 눈이 크다고 해도 결국 평균 얼굴은 좌우 대칭일 가능성이 크다.

각 나라의 평균 얼굴이라고 올라온 사진을 보면 남성이든 여성이든 다 잘생겨 보인다. 잘생긴 사람만 모아 놓은 것도 아닐 텐데 왜 그럴까? 그 이유는 여러 사진을 중첩해서 평균 얼굴을 구하게 되면 좌우 대칭이 거의 완벽에 가까워지기 때문이다.

두부를 얼리면 단백질 함량이 여섯 배 높아진다?

이과를 화나게 하는 짤 이야기를 이어가보자. '단백질 함량이 원래 두부는 7.8g인데, 이 두부를 얼리자 단백질 함량이 50.2g으로 늘어났다'는 뉴스 화면이 있다는 얘기를 들었다. 두부를 얼렸다고 해서 단백질의 총질량이 늘어날 리는 전혀 없어서, 과학적으로는 도대체 이치에 맞지 않는 소리다. '이거야말로 이과를 화나게 하는 짤이다' 생각하며 기사의 원문을 찾아보았다.

그 기사를 찬찬히 읽어보니 실은 뉴스 화면에 나오는 7.8g, 50.2g은 단백질의 총질량이 아니고, 두부 100g당 단백질 함량을 나타내는 것이었다. 그렇다면 말이 된다. 두부에는 많은 수분이 함유되어 있다. 두부를 얼리면 두부 안에 있는 물이 어는데, 언 두부를 냉동실에 오랫동안 보관하면 고체가 기체로 변하는 승화sublimation가 일어나 두부에 포함된 수분이 줄어든다. 동결건조라고도 부른다. 승화로 인해 두부에 포함되어 있던 물의 양이 점점 줄어들면 자연스럽게 두부 전체의 부피도, 무게도 감소한다. 사실 이 과정은 두부를 말리는 것과 크게 다르지 않다. 생두부 100g과 말린 두부 100g을 놓고 '어느 쪽에 단백질이 많이 들었을까요?' 물으면, 이과가 아니라도 말린 두부 100g에 단백질이 많다고 쉽게 대답할 것이다. 생두부 100g에는 상당한 질량의 물이 함께 포함되어 있기 때문이다.

이 짤에 대한 사실 관계를 확인하면서 나는 약간 겸연쩍어졌다. '이건 화를 낼 일이 아닌데 내가 너무 성급했나?' 하는 생각이 들어서다.

그리고 예전에 가끔 이과생들끼리 모여 어떤 일에 대해 과학적인 진위 여부를 따지며 왁자지껄 함께 떠들던 경험이 떠올랐다. 전체 맥락을 고려하면 그냥 넘어가도 될 것을 괜히 이과 티를 내느라 일부 내용에 과민했던 것이 아닌가 싶은 일도 있었다. 생각이 여기에 미치자, 과학적으로 진위 여부가 애매한 미디어 자료를 보면 무조건 화를 내고 보는 이과생들에게 들려주고 싶은 이야기가 떠올랐다.

당시 TV에서는 〈너에게 가는 속도 493km〉라는 제목의 드라마가 방영되고 있었다. 이 제목을 보고 주변의 몇몇 이과생이 화를 내는 것이었다. 이유는 493km는 거리 단위지, 속도 단위가 아니므로 '속도 493km'라고 표현하는 것은 잘못이라는 거였다. 물론 맞는 말이지만 그때 나는 이들의 얘기에 동참하지는 않았다. 일상에서 사용하는 용어를 하나하나 따져서 과학적으로 맞는 말만 쓰는 것은 어렵다. 그냥 '내 차의 속도가 지금 100이야' 해도 무슨 뜻인지 모두 알아듣는다. 당연히 시속 100km를 뜻한다. 마찬가지로 대부분의 사람은 이 드라마의 제목을 보고 '아, 이건 아마 시속 493km라는 의미였을 거야' 하고 짐작한다.

드라마나 영화, 문학 작품 같은 데서 엄밀한 과학의 잣대를 적용하면 이상해 보이는 표현을 보더라도, '원래 작가의 의도는 아마 이거였을 거야'라고 좀 넓은 마음을 가지는 것이 이과 전공자가 가져야 할 바람직한 마음 자세가 아닐까? 몸무게가 70kg이라고 하는 사람에게 몸무게는 힘이어서 kg이라는 단위로 표현하면 안 되니 70kg에 중력가속도 $9.8m/s^2$을 곱해서 힘의 단위인 뉴턴(N)으로 다시 말하라고 하거나, 아니면 지구 표면에서의 중력 단위를 이용해서 70kg중으로 이야기해야 한다고 고집 부릴 필요는 없지 않을까? 물리학자든 아니든 몸무게가 70kg이라고 해도 누구나 그 의미를 알고 있으니 말이다. 내가 만난 물리학자 중에도 몸무게를 물었을 때 70kg이 아니라 70kg중이라고 답한 사람은 단 한 명도 없었다.

이과를 화나게 하는 짤 ⑥
권총으로 하늘을 나는 방법

앞서 내가 생각하는 이과생의 마음 자세를 이야기했지만 '권총으로 하늘을 나는 방법'이라는 제목의 짤을 보고는 좀 황당하기는 했다.

이 짤에서 제시하는 방법은 이렇다. 권총에 총알을 장전한 다음에 총알과 권총을 절대로 끊어지지 않는 실로 묶는다. 그리고 권총을 '빵' 하고 발사하면, 총알이 날아가면서 처음엔 실이 팽팽하게 펴지고, 그 다음에는 총알이 계속 나아가면서 권총을 끌어당겨 결과적으로는 권총을 쏜 사람이 그 권총을 잡고 하늘을 난다. 과연 이 방법으로 하늘을 날 수 있을까?

먼저 아무것도 없는 텅 빈 우주 공간에서 총을 쏘는 경우를 생각해 보자. 총알이 발사되어 앞으로 나아가면 권총은 반대 방향으로 움직인다. 물리학의 운동량 보존법칙이 알려주는 당연한 결과이다. 시간이 지나 실이 팽팽하게 당겨질 때까지 총알은 앞으로, 권총은 뒤로 움직인다. 줄이 팽팽해진 다음은 어떨까? 실에 의해 총알에는 뒷방향으로, 권총에는 앞방향으로 작용하는 힘이 작용하고, 결국 권총과 총알

은 서로 끌어당겨 둘 사이의 거리가 줄어든다. 둘이 만약 충돌해서 딱 멈추는 완전 비탄성 충돌을 가정하면 권총과 총알은 한 몸이 되어서 처음 위치에 정지하게 된다. 완전 비탄성 충돌이 아니라고 해도 결국 권총과 총알 전체의 질량중심은 처음 총알이 발사되기 직전의 질량중심과 정확히 같은 위치에 놓인다. 우주 공간에서 실로 연결한 총알을 발사하면 결국 처음 위치에서 단 한 발짝도 움직일 수 없다.

　다음에는 지구의 땅 위에서 이 실험을 생각해 보자. 권총을 손으로 꽉 쥐고 총알을 발사한 후 권총과 총을 쏜 이가 뒤로 밀려나는 운동에 관련된 운동량은 지구에 전달된다. 지구의 질량이 사람의 질량보다는 어마어마하게 커서 지구의 움직임은 무시할 수 있을 정도로 작다. 아주 긴 실에 연결한 경우, 총알은 여전히 날아가고 있는데 사람과 권총은 이미 운동을 멈추는 것이 가능하다.

더 멀리 날아간 총알로 실이 팽팽하게 당겨지면 어떤 일이 벌어질까? 이 경우에는 실이 팽팽해진 이후 권총을 잡아당기게 된다. 총알의 질량과 속도를 어림하면 실이 당겨지기 직전 총알의 운동량은 $10kgm/s$가 된다. 한편 실이 당겨져 사람, 권총, 총알이 모두 한 몸이 되어 움직이는 상황에서의 속도를 구하면 약 $10cm/s$의 속도가 얻어진다. 이런 상황이라면 사람이 날아가지는 못해도 약간은 움직일 수 있다. 물론 미끄러운 얼음판 위에 서 있다면.

이과를 화나게 하는 짤 ⑦
에어컨으로 지구 온난화 해결하기

'에어컨으로 지구 온난화를 해결하는 방법'을 제시하는 이 짤은 우리가 한 번쯤 깊게 생각해 보아야 할 메시지가 담겨 있다. 동시에 우리가 살고 있는 지구를 우리 손으로 스스로 위험에 빠뜨리고 있는 요

즘의 행태에 경각심을 떠올릴 수 있어 의미 있는 짤이기도 하다. 지금 지구는 여러 문제로 몸살을 앓고 있는데, 심각한 기온 상승도 그중 하나다. 실제로 많은 과학자가 기후 변화를 기후 위기로 부르며 큰 위기의식을 느끼고 있다.

현실성 여부를 떠나서 이 짤에서 제시하는 '에어컨으로 지구 온난화 해결하기'는 발상이 재미있다. 에어컨은 실외기와 짝을 이루고 있다. 보통 우리가 에어컨을 이용할 때에는 실외기를 집 밖에 두고 찬바람이 나오는 에어컨 본체를 집 안에 두어서 실내 기온을 낮춘다. 이 짤은 거꾸로 방 안에 실외기를 두어서 집 밖 지구의 대기 온도를 낮추자는 제안을 한다.

이 아이디어를 실제로 구현하면 무슨 일이 생길까? 지구의 대기층이 엄청나게 크고 넓다는 걸 감안해도 온 인류가 에어컨 바람을 바깥으로 내보낸다면 대기 온도가 아주 조금이라도 잠깐은 낮아질 수 있다. 그런데 문제가 있다. 이 과정을 계속 이어가면 집 안의 온도가 계속 오르게 된다. 우리가 온갖 기술을 동원해 집 안의 열이 밖으로 전달되지 않도록 완벽하게 단열을 하더라도, 집 안의 온도가 아주 높아지고 나면 집 밖으로 전자기파 형태로 에너지가 방출되기 시작한다.

시간이 흐르면 집 밖으로 방출되는 전자기파의 복사에너지는 대기의 온도를 결국 올리게 된다. 이 상태에 이르고 나면 에어컨에 공급된 전기 에너지는 결국 대기의 온도를 높이는 데에 쓰이게 된다. 에어컨에는 다양한 전기 장치와 전선이 들어 있고, 에어컨 내부의 도선을 통해 전류가 흐르면서 열이 발생한다. 결론은 이 짤처럼 설치하는 것이 가능해도 결국 에어컨은 냉방장치가 아니라 오히려 난방장치로 작동한다. 결국 지구 대기의 온도를 올린다.

이 짤의 오류는 집에 있는 냉장고를 떠올리면 쉽게 이해할 수 있다. 냉장고 안은 항상 차갑다. 그러나 냉장고 문을 열어 놓는다고 집안이 시원해지지는 않는다. 냉장고 뒤쪽에 냉매가 흐르는 관이 있는데, 이 관은 뜨거워져서 사방으로 열을 방출한다. 냉장고 뒤 방열판에서 방출되는 에너지에서 냉장고 안에서 줄어든 에너지를 뺀 차이를 구하면 항상 양(+)의 값이고 이 값이 바로 냉장고가 작동하면서 전기에너지가 열에너지로 변환된 양이다. 결국 냉장고 문을 활짝 열어놓으면 방의 온도는 내려가는 것이 아니라 올라간다. 냉장고 문을 열어서 집 안의 온도를 낮출 수는 없다.

물리학으로 따져보는 상상 실험실

공으로 절벽을 건너는 방법

곰 한 마리가 절벽을 건너려고 한다. 곰이 가진 것은 공 하나뿐이다. 어떻게 하면 곰이 무사히 절벽을 건널 수 있을까? 곰이 먼저 아주 빠른 속도로 공을 아래쪽으로 던진다. 절벽 아래 바닥에서 튀어 오른 공이, 곰이 있는 높이에 도달할 때 곰은 한발을 앞으로 내디뎌 자신의 발바닥에 공이 충돌하도록 한다. 곰 발바닥에 충돌한 공은 다시 또 내려가 바닥에 충돌해서 튀어 올라 한발 앞으로 움직인 곰 발바닥에 충돌한다. 이렇게 연이어 튀어 오르는 공에 맞추어 한 발 한 발 내딛으며 곰은 앞으로 나아가는 것이 가능하다는 재밌는 짤이다.

만화 같은 상상에 익살스러움까지 겸비한 이 짤은 곰이 빠르게 공

을 아래로 튕기면서 절벽을 건넌다는 내용이다. 나는 처음에 이 짤을 보고 '이건 말도 안 돼. 그런데 재미있기는 하네.' 하고 웃어 넘겼다. 그런데 가만히 생각해보니 이거야말로 곰 한 마리가 절벽을 건너갈 수 있는 아주 기발한 방법이다 싶었다. 이 짤에 묘사된 상황은 극단적인 가정을 하면 원칙적으로는 가능하다. 지금부터 곰이 어떻게 공을 튕겨서 절벽을 건너갈 수 있는지 계산을 통해 확인해 보자.

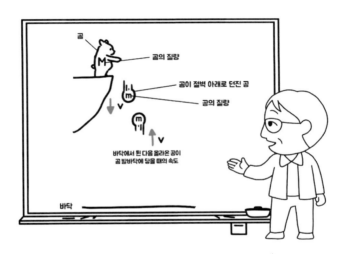

자, 여기 곰이 있다. 이 곰의 질량은 M이다. 곰이 아래로 던진 공의 질량을 m이라고 하자. 곰이 아래로 공을 v의 속도로 던지면 바닥에 충돌한 공은 방향을 바꾸어 곰이 있던 높이에 다시 도달한다. 공과 바닥 사이의 충돌에서 에너지가 줄어들지 않는다는 탄성 충돌을 가정하면 공이 다시 원래 위치에 도달할 때 공은 윗방향으로 v의 속

물리학으로 따져보는 상상 실험실

도를 갖게 된다. 곰 발바닥에 충돌한 공은 다시 방향을 바꿔 아래로 움직이게 된다. 물체의 질량(m)에 속도(v)를 곱한 양을 물리학에서는 운동량(p)이라고 한다. 윗방향을 양(+)의 방향으로 약속하면 충돌 전 공의 속도는 양의 방향이어서 이때의 운동량은 +mv이고, 발바닥에 공이 충돌한 직후 공의 속도는 음의 방향(아랫방향)이어서 충돌 직후 공의 운동량은 −mv로 적을 수 있다. 결국 공이 곰 발바닥에 충돌하는 과정에서 공의 운동량의 변화량은 $\Delta p = -mv - (+mv) = -2mv$이다.

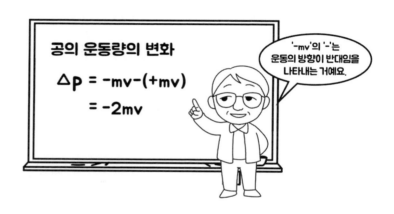

뉴턴의 운동 방정식 $F=ma$에서 가속도 a는 속도의 변화량을 시간의 변화량으로 나눈 것이다. 따라서 $F=ma=m\frac{\Delta v}{\Delta t}$인데 공의 질량이 변하지 않으니 $F=\frac{\Delta(mv)}{\Delta t}=\frac{\Delta p}{\Delta t}$로 운동량의 변화량을 이용해서 적을 수 있다. 뉴턴의 작용−반작용 법칙에 따르면 곰 발바닥이 공에 작용한 힘은 공이 곰 발바닥에 작용한 힘과 크기는 같고 방향은 반대이다. 따라서 공의 운동량의 변화량은 곰의 운동량의 변화량과 크기는 같고 방향은 반대라는 것을 알 수 있다. 결국 공이 곰에 충돌하는 과정에서 공이 곰에게 전달한 힘은 $F\Delta t=\Delta p=2mv$로 주어지게 된다. 만약 1초에 공이 n번 곰 발바닥에 충돌한다고 가정하면, 충돌 사이의 시간 $\Delta t=\frac{1}{n}$이 되므로 결국 우리는 공이 곰 발바닥을 위로 미는 힘이 $F=2mvn$이라는 결과를 얻게 된다.

한편 공이 한 번 v의 속도로 바닥에 닿았다가 튀어 오르는 시간을 계산해볼 수 있다. 절벽 높이를 h라고 하면, $h=v \cdot t+(\frac{1}{2})gt^2$을 만족하는 시간 t에 공은 바닥에 닿게 된다. 이때 v가 아주 커서 수식 우변의 두 번째 항을 무시할 수 있다고 가정하면 $t=\frac{h}{v}$가 된다. 그러면 공이 바닥에 닿은 다음 위로 올라와 다시 곰 발바닥에 닿을 때까지의 시간은 이 값의 두 배가 되므로 $t=\frac{2h}{v}$이다. 공이 곰 발바닥에 충돌하는 사건은 $t=\frac{2h}{v}$의 시간 간격으로 규칙적으로 진행되므로 위에서 생각한 1

초에 공이 곰 발바닥에 충돌하는 횟수는 $n=\frac{v}{2h}$라는 것을 알 수 있다.

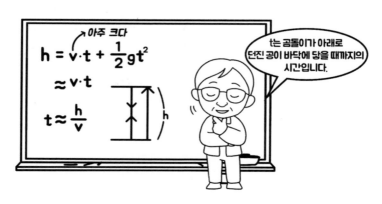

이제 앞에서 구한 식 $F=2mvn$에 $n=\frac{v}{2h}$를 대입하면 $F=\frac{mv^2}{h}$을 얻게 되는데, 바로 이 힘이 곰을 위로 미는 힘이 된다. 그리고 이 힘이 곰에 작용하는 중력인 $F=Mg$와 같다면 곰은 이 방법으로 절벽을 건너갈 수 있다. 공을 얼마나 빠른 속도로 던져야 곰이 떨어지지 않고 절벽을 건널 수 있을지 마지막 수식의 강을 건너보자. $Mg=\frac{mv^2}{h}$로부터 $v=\sqrt{\frac{Mgh}{m}}$가 얻어진다.

공의 질량은 1kg, 곰의 몸무게는 100kg, g = 10m/s², 절벽 높이를 10m로 가정하고 계산하면 초속 100m가 나온다. 이 정도라면 사실 불가능하지 않다. 10m 높이에서 완전 탄성 충돌을 하는 공을 초속 100m로 아래를 향해 던지면, 곰은 아래에서 계속 튀어 오르는 공을 이용해서 절벽을 건널 수 있다는 결론이다.

물론 위의 결론을 얻기 위해서 극단적인 가정을 했다는 것이 중요

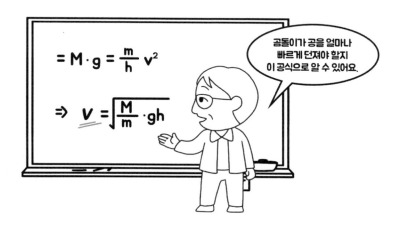

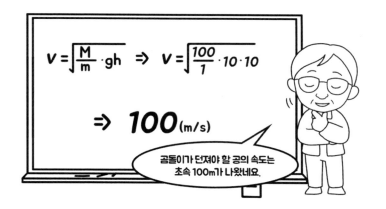

하다. 공은 바닥과도, 그리고 곰 발바닥과도 탄성 충돌을 해서 운동에너지가 항상 일정하게 보존된다는 가정이다. 이론적으로는 가능하지만 현실적으로 구현되기는 어려운 가정이다.

절벽을 건너가는 곰과 공을 주사기 피스톤과 주사기 안 기체 분자로 바꿔서 생각하면 현실에서 실제로 일어나고 있는 과정을 닮았다

물리학으로 따져보는 상상 실험실

는 것도 재밌다. 주사기를 세워놓고 피스톤 위에 질량이 있는 추를 올려놓는 상황이다. 질량이 큰 추를 올려도 피스톤이 주사기 바닥까지 내려가지 않고 어느 정도 높이에 멈춰 있게 된다. 피스톤의 아랫면을 수많은 기체 분자가 계속 충돌하며 위로 밀고 있기 때문이다. 피스톤 위의 추를 곰으로, 피스톤을 곰 발바닥으로, 그리고 피스톤 아래 공간에서 위아래로 계속 빠르게 움직이며 피스톤과 충돌하는 수많은 기체 분자를 공으로 생각해 보자. 비슷하지 않은가?

지금까지의 과정을 따라오며 '결론만 말하면 되지, 머리 아프게 왜 계산 과정을 다 설명하고 그래?' 하고 책망하는 사람이 있다면 양해를 구하고 싶다. 계산이 복잡해지긴 했지만 이 짤이 이과를 화나게 하는 게 아니라, 얼마나 기가 막히고 멋진 짤인지를 함께 확인하고 싶었을

뿐이다. 덤으로 계산 과정을 보면서 물리라는 학문이 우리 생활에 실제로 어떻게 활용될 수 있는지 이해하는 기회가 되기를 바란다.

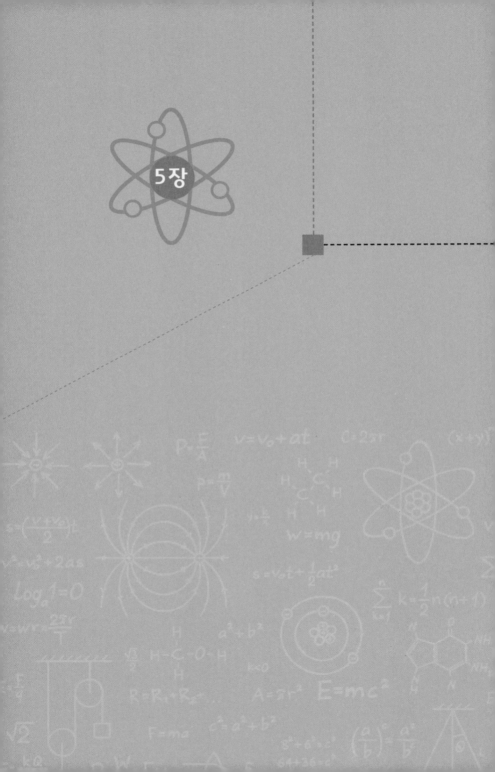

5장

그럴싸하고
잡(Job)스러운
물리학자의 탐구생활

우리나라에 노벨상 수상자가
나오지 않는 이유

왜 노벨상에 많은 관심을 보일까?

노벨상은^{Nobel Prize} 스웨덴의 과학자이자 기업가인 알프레드 노벨^{Alfred Nobel}의 유언에서 시작되었다. 그는 다이너마이트를 발명해 세계적인 부자가 되었지만, 다이너마이트가 전쟁에 사용되며 많은 사람의 목숨을 앗아간 것에 대해서 늘 가슴 아파했다.

1896년 죽음을 앞둔 노벨은 다음과 같은 유언을 남겼다.

"유산에서 생기는 이자로 해마다 물리학, 생리학 및 의학, 문학, 평화 다섯 부문에 걸쳐 공헌이 있는 사람에게 상을 주시오."

그럴싸하고 잡(Job)스러운 물리학자의 탐구생활

노벨의 유언에 따라 1901년부터 노벨상이 수여되기 시작했는데, 처음에는 물리학, 화학, 생리의학상, 문학상, 평화상이 수여되었다. 이후 노벨의 유언에 언급된 분야는 아니지만 경제학상이 1968년에 추가되어 노벨상은 현재 여섯 개 분야에서 수여되고 있다.

노벨상 수상이 처음 시작될 당시 상금의 액수는 파격적이었다. 노벨의 재산을 관리하는 재단이 한 해 동안 얻은 이자 수입의 67.5%를 다섯 개 부문으로 나누어 상금을 지급하는데, 초기의 상금은 스웨덴 대학교수의 25년치 연봉과 맞먹었다고 한다. 초기부터 노벨상에 사람들이 큰 관심을 가지게 된 것도 막대한 상금이 한 몫을 차지했을 것으로 보인다.

노벨상이 수여되는 여섯 분야에 수학은 빠져 있다는 것도 흥미롭

다. 수학 분야에서 노벨상에 필적하는 권위를 가진 것이 바로, 우리 나라의 허준이 교수님이 2022년에 받은 '필즈상'으로도 불리는 '필즈 메달Fields Medal'이다. 국제 수학 연맹이 수여하는 필즈 메달은 어쩌면 노벨상보다도 더 받기 어렵다고 할 수 있다. 필즈 메달은 세계 수학 자 대회(ICM)에서 수여하는데 ICM은 4년마다 개최되고, 게다가 필즈 메달의 수상자는 수상 당시 40세 미만이어야 한다는 조건도 있기 때 문이다.

내가 몸담고 있는 통계물리학 분야에도 권위 있는 상이 있다. 이 상은 '통계물리학의 아버지'로 불리는 볼츠만의 이름을 딴 '볼츠만 메 달Boltzmann Medal'이다. 볼츠만 메달은 3년마다 열리는 국제통계물리학 회에서 수여되는데, 우리나라 통계물리학자 중 볼츠만 메달을 받은 사람은 아직 없다. 우리나라 사람이라면 누구나 과학 분야에서도 한 국인 노벨상 수상자가 하루빨리 나오기를 기대하는 것처럼, 통계물 리학자인 나 역시 볼츠만 메달을 받는 통계물리학자가 얼른 나왔으 면 하는 바람을 가지고 있다.

한국에서 노벨상이 나오지 않는 이유

노벨상 수상이 이뤄지는 10월이 되면 한국에서 과학 분야 노벨상 수상자가 아직 나오지 않은 이유를 묻는 질문을 자주 접한다. 솔직히 말하자면 명확한 이유가 있다. 국력이 부족해서도, 정부에서 수상 노력을 하지 않았기 때문도 아니고, 한국인이라는 이유로 차별이 있는 것도 전혀 아니다. 단지 과거에 노벨상을 받을 정도로 훌륭한 연구를 하지 못했기 때문이다.

노벨상 수상자가 발표되면 우리는 자주 이웃 나라 일본과 비교하며 아쉬워한다. 그런데 일본은 이미 20세기 초반에 일본인 과학자를 스스로의 힘으로 자국 내에서 길러낼 수 있는 시스템을 갖췄던 나라다. 마찬가지로 국내 학계가 스스로의 힘으로 경쟁력이 있는 과학자를 길러내기 시작한 시점은 일본과 거의 100년의 차이가 있다. 현재 활동하고 있는 젊고 훌륭한 한국인 과학자들이 많다. 이들의 뛰어난 연구가 시간이 지나 학계의 인정을 받을 때까지 진득하게 기다려 달라는 당부를 하고 싶다.

2023년 노벨 물리학상에 대하여

2023년 노벨 물리학상은 세 명의 과학자에게 수여되었다. 피에르 아고스티니Pierre Agostini 미국 오하이오주립대학교 교수와 페렌츠 크라우스Ferenc Krausz 독일 루트비히 막스밀리안대학교 교수, 안 륄리에Anne L'Huillier 스웨덴 룬드대학교 교수가 그 주인공이다. 수상자들에 대한 자료를 찾아보다 흥미로운 점을 발견했다. 수상자들의 출생지와 현재 일하는 곳이 달랐다. 어디에서 태어났든 활발한 국제 교류의 경험이 훌륭한 연구 성과를 거두는 데 도움이 되는 것일지 모르겠다.

2023년 노벨 물리학상은 아주 짧은 '아토초^{Attosecond}' 정도의 시간 스케일 동안 지속되는 빛의 펄스^{pulse}를 만들어낸 것이 중요한 수상 업적이다. 많은 이가 들어봤을 '나노^{nano}'는 10^{-9}에 해당해서 1나노초는 0.000000001초인데, 1아토초는 1나노초의 또 10^{-9}에 해당해서 0.000……1초의 꼴로 적으면 소수점 아래 18번째 자리에 처음 1이 나오는, 100경분의 1초에 해당하는 정말 짧은 시간이다. 1아토초가 얼마나 짧은지, 노벨상 수상자를 발표한 위원회가 적절히 비유하기도 했다. '우주의 나이인 138억 년을 1초로 줄이면 지금의 1초가 1아토초에 해당한다'는 것이다. 만약 딱 1아토초만 살아가는 하루살이가 있다면, 이 하루살이에게 1초는 우주의 나이 정도가 된다는 얘기다.

아토초의 시간 스케일 비교

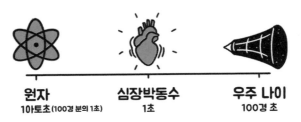

원자
1아토초(100경 분의 1초)

심장박동수
1초

우주 나이
100경 초

© Johan Jarnestad/The Royal Swedish Academy of Sciences

아주 짧은 시간 지속하는 빛의 펄스를 만들어낼 수 있다면, 이처럼 짧은 시간 동안 발생하는 물리 현상을 통제하고 측정할 수 있다. 젊은이들이 방문하는 클럽에는 짧은 순간 번개처럼 번쩍번쩍 강렬한

그럴싸하고 잡(Job)스러운 물리학자의 탐구생활

빛을 내는 '스트로브(스트로브 라이트 strobe light를 줄여서 부르는 말. 우리말로는 섬광등閃光燈)'가 있다. 스트로브 조명 아래에서 춤추는 장면을 떠올려 보자. 빛이 번쩍하는 순간마다 사람들의 움직임이 딱 정지해 있는 것처럼 보인다. 같은 원리로 빛이 번쩍하는 시간을 1아토초로 설정하고 레이저를 비추면 어떨까? 그러면 레이저는 1아토초 동안의 아주 짧은 시간에 일어나는 현상을 사진처럼 정지된 모습으로 보여줄 것이다.

이제 아주 작은 원자 안에서 움직이는 전자를 생각해 보자. 전자의 평균 속력은 무려 초속 100km~1,000km에 해당하는데, 1아토초 정도의 시간 안에 전자는 원자 하나 크기의 100분의 1 정도 거리를 움직인다. 따라서 1아토초의 짧은 펄스광을 이용하면 전자의 위치를 원자 크기의 100분의 1 정확도로 알아낼 수 있다.

영국 BBC가 2023년 노벨 물리학상이 "가장 짧은 순간까지 잡아내는 빛으로 전자 세계의 창窓을 열어젖힌 실험들에 주어졌다."고 평가한 이유다. 또한 노벨상 위원회에서는 '아토초 펄스광은 서로 다른 분자를 식별하는 데 쓰일 수 있어서 의료 진단 등에도 활용될 수 있다'며 이 연구가 다양한 분야에 응용될 잠재력을 언급하기도 했다. 그동안 미지의 영역으로 남아 있던 아주 짧은 순간의 세계를 직접 확인할 수 있게 해준 2023년 수상자들에게 과학자의 한 사람으로서 큰 박수를 보낸다.

세상에서 가장 어이없는 노벨상

　노벨상은 모든 과학자가 받고자 하는 정말 영예로운 상이다. 그런데 노벨상과 비슷한 이름을 가진 재미있는 상이 또 있다. 바로 '이그노벨상^{Ig Nobel Prize}'이다. '이그노벨^{Ig Nobel}'은 '고상하다'는 뜻의 'noble'에 부정의 뜻을 가진 접두어 'ig-'를 합쳐서, '고상하지 않은', 혹은 '명예롭지 않은'을 뜻하는 단어 'ignoble'이 되었는데 이 단어의 'noble'을 노벨상의 'Nobel'로 철자를 재미있게 비튼 이름이라는 얘기도 있다.

　한편, 이그노벨상 주최 측은 알프레드 노벨의 친척으로 '소용돌이치는 물에 있는 두 개의 기포는 절대로 똑같은 경로로 표면까지 상승할 수 없다'는 사실을 증명한 과학자 '이그나시우스 노벨^{Ignacius Nobel}'의 이름에서 따왔다고 밝히기도 했지만, 이그나시우스 노벨이라는 사람에 대한 정보를 전혀 찾을 수 없는 것을 보면, 이 주장도 주최 측이 만들어낸 재밌는 이야깃거리로 보인다.

　이그노벨상은 1991년에 미국 하버드대학교의 과학 유머 잡지의 창립자이자 편집자인 마크 에이브러햄스^{Marc Abrahams}가 처음 제정했다. 하버드대학교 응용수학과를 졸업한 에이브러햄스는 컴퓨터 소프트웨어 회사를 다니면서 풍자와 해학을 곁들인 과학 관련 짧은 글을 틈틈이 썼고, 자신의 글을 출판해 줄 출판사를 수소문하다가 〈재현할 수 없는 결과에 관한 저널^{Journal of Irreproducible Results}〉이라는 과학 유머 잡지

　　　　　　　　　그럴싸하고 잡(Job)스러운 물리학자의 탐구생활

를 알게 되었다. 이후 이 잡지의 편집자가 되었고, 얼마 뒤 잡지가 폐간하게 되자 자신이 직접 새로운 잡지〈Annals of Improbable Research〉를 창간했다. 잡지의 제목에서 알 수 있듯이 개연성 없는 연구, 그럴 리 없는 연구 결과를 출판한다고 표방한 유머러스한 학술지라고 할 수 있다.

이그노벨상에는 누구나 참여할 수 있다. 어느 개인이나 단체도 수상 후보를 추천할 수 있고, 심지어 자신을 추천할 수도 있다. 노벨상처럼 이그노벨상도 매년 수여한다. 노벨상은 수상 분야가 여섯 개로 딱 정해져 있지만 이그노벨상은 먼저 수상 후보를 선정하고는 이후 수상 분야를 정해 발표하는 방식을 따르고 있다.

이그노벨상은 시상식도 재밌다. 시상식에 참석한 청중이 연단으로 종이비행기를 날리면, 한 교수가 빗자루를 들고 등장해 종이비행기를 치우는 재밌는 전통도 있다. 수상자는 규정상 수상 소감을 딱 1분만 말할 수 있는데, 발표가 길어지면, '미스 스위티 푸^{Ms Sweetie Poo}'로 불리는 어린아이가 등장해 '멈춰요, 너무 지겹습니다'라고 고함을 치기 시작한다.

이때 수상자들의 반응도 제각각 재밌다. 더 큰 목소리로 불평에 아랑곳하지 않고 연설을 이어가기도 하고, 멋쩍게 웃으며 연설을 중단하고 퇴장하기도 한다. 한번은 미스 스위티 푸에게 뇌물을 주며 추가 시간을 얻으려는 수상자도 있었다고 한다. 시상식 때마다 볼 수 있는 이런 유머 있는 장면도 이그노벨상을 유명하게 만든 요인이다.

그럴싸하고 잡(Job)스러운 물리학자의 탐구생활

이그노벨상에서 주는 상금도 평범하지 않다. 실로 어마어마한 액수의 상금을 주는데, 자그마치 10조 달러다. 다만 이 돈은 미국 달러가 아니고 엄청난 인플레이션을 겪었던 짐바브웨 달러다. 짐바브웨 달러로 10조 달러는 우리나라 돈으로 4,000원 정도라고 한다. 그나마 코로나 19가 크게 확산되었던 2020년에는 위조지폐로 줬다고 한다. 상금뿐만이 아니라 부상으로 순금도 받는다. 비록 순금의 크기가 1 나노미터지만 그래도 금은 금이 아닌가?

이그노벨상은 수상 역사가 이어지며 무수한 재밌는 이야기를 만들어내고 있다. 많은 사람이 이 이야기를 좋아해 인기도 높아지고 있다. 하버드대학교 큰 강당에서 진행되는 수상식에서는 1,000명이 넘는 참석자가 모여들어 열광하며, 미국의 공영라디오방송에서 실황 중계도 한다. 요즘에는 라디오, 유튜브 채널로 실시간 중계까지 하는 과학계의 큰 이벤트로 자리를 잡았다. 나 역시 해마다 이그노벨상 시상식을 기다리는 과학자 중 하나다.

이그노벨상의 수상 조건

이그노벨상은 어떤 연구를 한 사람에게 주어질까? 이그노벨상은 '재현해서도 안 되고, 재현할 수도 없는 연구 업적'에 상을 수여한다는 재밌는 취지를 가지고 있다. 과학은 재현이 가능해야 한다. 과학

논문에 발표한 연구는 누군가가 독립적으로 연구를 수행해도 똑같은 결과로 재현할 수 있어야 과학 연구로서 가치가 있다. 그런데 이그노벨상은 '다시는 재현할 수 없고, 해서도 안 되는 업적'을 이룬 사람에게 준다니, 과학자로서는 웃음이 나는 이야기다. 이그노벨상을 받는 연구가 어떤 것이어야 하는지 소개하는 다른 취지도 있다.

첫째, 사람들을 웃게 한다.
둘째, 그리고는 곧이어 생각하게 만든다.

이그노벨상을 받은 연구를 처음 들으면 먼저 피식 하고 웃음이 나온다. 하지만 조금만 더 깊이 생각하면 우리로 하여금 깊은 고민에 빠지게 한다. 언뜻 들으면 장난 같아 보이는 연구지만 생각하면 할수록 심오한 의미가 담긴 연구들이 있다. 이그노벨상을 받은 대부분의 연구가 그렇다.

처음에는 웃게, 그리고는 깊게 생각하도록 만드는 연구에 상을 수여한다는 이그노벨상의 수상 조건을 보며 유명한 물리학자인 파인만이 남긴 이야기가 떠올랐다.

"영화를 거꾸로 틀어주면 사람들은 웃습니다. 똑바로 걷는 사람이 거꾸로 걸으니까 사람들이 보면서 막 웃는 거지요. 그런데 거꾸로 튼 영화를 보면서 다른 모든 사람이 웃음을 터뜨릴 때, 물리학자라면 깊은 고민에 빠집니다."

파인만이 이렇게 얘기한 이유가 있다. 예를 들어 뉴턴의 운동 방정식은 시간 역전 대칭성이 있어서, 과거에서 현재를 거쳐 미래로 진행하는 물리 현상과 거꾸로 미래에서 현재를 거쳐 과거로 진행하는 물리 현상이 정확히 동등하다. 뉴턴의 고전역학을 따라 물체가 어떻게 운동하는지 관찰해서 시간이 정방향으로 흐르고 있는지, 아니면 역방향으로 흐르고 있는지 파악하는 것은 원칙적으로 불가능하다. 물리학의 기본 법칙만으로는 거꾸로 튼 영화와 원래 시간 방향으로 튼 영화에 아무런 차이가 없어야 하는데도, 사람들은 어떻게 그 차이를 인식해서 웃음을 터뜨리는 것인지는 정말 심오한 문제가 된다. 파인만이 시간에 대해 한 이야기나, 이그노벨상의 취지나 둘 다 사람들을 처음에는 웃게 만들고, 그리고 조금만 더 생각하면 깊이 고민하게 만든다는 공통점이 있다.

황당한 이그노벨상 수상 연구

이그노벨상을 받은 연구 중에는 내가 좋아하는 연구가 몇 개 있다. 그중 하나가 1996년에 이그노벨 물리학상을 받은 영국 애스턴대학교의 로버트 매튜스 Robert A. J. Matthews의 연구다. 누군가 탁자에 식빵을 놓고 버터를 바르다가 '아차' 하는 순간 실수로 식빵을 떨어뜨렸다. 식빵은

뱅글뱅글 돌며 바닥에 떨어졌다. 식빵의 어느 쪽이 바닥에 닿을까? 빵 쪽일까? 버터 쪽일까?

　이때 사람들은 머피의 법칙을 떠올린다. 발생할 가능성이 있는 사건이 둘일 때, 현실에서는 항상 내가 원하지 않는 결과가 발생한다는 법칙이다. 머피의 법칙은 자연 현상을 설명하는 법칙이라기보다는 현실에서 발생하는 현상 중 더 나쁜 쪽을 우리가 더 강하게 인식한다는 것을 보통 뜻해서, 많은 경우 물리학이 아닌 심리적인 현상이다. 버터 바른 식빵 문제도 오랫동안 대표적인 머피의 법칙으로 믿어졌다. 버터 바른 쪽이 굳이 땅에 떨어질 물리학의 근거가 없지만, 우리는 원치 않는 결과가 발생한 것을 더 생생히 기억할 뿐이라는 얘기다.

　로버트 매튜스는 논문에서 사람의 키에 의해 정해지는 적정한 탁자 높이는 얼마인지, 그리고 중력가속도는 얼마인지 등을 이용해서 윗면

그럴싸하고 잡(Job)스러운 물리학자의 탐구생활

에 버터를 바르다 놓친 식빵이 회전하며 낙하할 때 어느 쪽이 땅에 닿을지 고전역학을 이용해 계산했다. 우리가 살아가는 세상에서는 정말로 버터 바른 쪽이 땅에 떨어질 확률이 더 높다는 결론을 얻었다.

보통 물리학자들이 세상 이치를 비유적으로 이야기할 때 '신은 미묘하지만 악의적이지는 않다'라는 표현을 쓴다. 여기서 신은 물론 자연법칙이다. 물리학의 자연법칙이 굳이 인간에게 악의적일 리가 없다는 뜻이다. 로버트 매튜스는 논문의 마지막 부분에 재밌는 문장을 붙인다. '자연법칙 혹은 신이 인간에게 악의적일 리는 없다. 하지만 떨어지는 식빵에 대해서는 좀 아쉬운 점이 있다'라며 끝을 맺는다. 만약 인간의 키가 지금과 달라서 탁자 높이가 달라졌거나, 아니면 지구의 중력가속도 값이 지금과 달랐다면, 버터 바른 쪽이 아닌 면이 땅으로 떨어지는 세상이 되었을 수도 있는데, 우리가 사는 세상은 그렇지 않아 아쉽다는 얘기다. 버터를 바른 쪽이 땅에 닿는 것을 연구했다는 것이 재밌어서 먼저 크게 웃음을 터뜨리고 논문을 살펴보면, 깊은 생각에 빠지게 하는 정말 재밌고 멋진 연구다.

이그노벨상을 받은 괴짜 한국인

노벨 평화상과 노벨 문학상, 이렇게 두 번 우리나라에서도 노벨상을 받았지만, 이그노벨상은 지금까지 다섯 번이나 받았다. 이중 둘은 실제 연구 업적이 아니어서 재미로 준 것이 분명해 보인다. 2000년 대규모 합동결혼식을 성사시킨 공로로 문선명 총재가 경제학상을 받았고, 2011년에는 '인류의 종말을 예측했다'며 휴거를 주장한 다미선 교회 이장림 목사가 수학상을 받았다. '세계 종말을 열정적으로 예언한 사람 중 하나로 수학적으로 추정할 때에는 조심해야 한다는 것을 세상에 일깨워 준 공로'가 수상 이유였다고 한다.

다른 세 번의 이그노벨상은 분명한 과학적 가치가 있는 연구에 주어졌다. 1999년 FnC코오롱의 권혁호 씨가 향기 나는 양복을 발명한 공로로 환경보호상을 받았고, 2017년 한지원 씨가 고등학생 때 진행한 물리학 연구로 상을 받았다. 무척 흥미로운 주제였다. 커피잔을 들고 걸어가다 보면 커피가 출렁이다가 잔 밖으로 넘치는 일을 종종 겪는데, 한지원 씨는 그 이유와 함께 '어떻게 하면 넘치는 것을 막을 수 있을까?'를 물리학 이론과 실험으로 살펴봤다. 논문에서는 '커피를 쏟지 않고 옮기는 두 방법'을 제시한다. 첫 번째 방법은 커피잔의 손잡이나 밑바닥을 잡지 말고 위에서 잡는 것이다. 다른 방법은 뒤로 걷는 것이다. 이렇게 하면 커피가 넘칠 가능성을 크게 줄일 수 있다고 한다.

2023년에는 스탠퍼드 의과대학의 박승민 박사가 대소변으로 건강 상태를 파악할 수 있는 스마트 변기를 제안한 연구 논문으로 이그노벨상 공중의학상을 받았다. 이 스마트 변기는 IT 기술을 적용해 매우 정확하게 우리의 신체 상태를 측정할 수 있다. 대변과 소변 성분을 분석하고, 얼마나 자주 화장실에 가는지, 대소변의 양은 어떻게 늘고 줄어드는지 등을 정교하게 측정해 데이터화하면 개개인의 건강을 관리하는 데 얼마든지 활용이 가능하다.

이 논문에서는 또 사생활 침해 여지, 개인정보가 유출될 위험 등 정보화 시대에 민감한 문제도 심도 있게 논의하고 있다. 얼핏 연구 주제만 보면 장난처럼 유머러스해 보이지만, 학술적 가치뿐 아니라 실용적 가치도 있는 좋은 연구여서, '사람들을 처음에는 웃게 하지만, 곧이어 생각하게 만든다'는 이그노벨상의 취지에 딱 맞는 멋진 연구라고 생각한다.

이그노벨상에 참가해 볼까?

내가 했던 연구 중에도 이그노벨상 감으로 주최 측에 보내볼까 하는 주제도 있다. 앞에서도 다루었던 '키 큰 사람이 날씬해 보이는 이유'다. 재밌는 주제일 뿐 아니라, 그 이유가 사람의 직립보행에서 비롯한 체질량 지수 계산법과도 연결된다는 것이 참 재밌다고 생각했던 연구다.

노벨상과 이그노벨상 이야기를 통해서 과학이 우리 곁에 정말 가까이 있다는 것을 사람들이 깨닫기를 바란다. 과학은 딱딱한 수식과 어려운 용어로 가득한 다른 세계의 것이 아니라, 항상 우리 곁에 있어서, 얼마든지 누구나 친숙해질 수 있는 것이라고 생각한다. 많은 사람이 우리의 일상에 과학이 있다는 것을 잊지 않기를 바란다. 그래야 노벨상, 이그노벨상 수상자도 나올 수 있다.

〈스파이더맨〉이 치명적인
과학 오류인 이유

물리학자는 영화를 볼 때 직업병으로 과학적 오류를 찾을까?

영화를 좋아한다. 집에서 가족과 함께 텔레비전으로 보기도 하지만, 영화는 역시 극장에서 보아야 몰입이 잘되는 것 같다. 너무 좋아해서 여러 번 본 영화도 몇 있다. 〈라라랜드La La Landews〉도 그중 하나인데, 감동적이고 슬픈 내용과 음악이 좋다. 젊어서는 로버트 드 니로Robert De Niro의 멋진 연기를 좋아했다. 오래전 본 〈원스 어폰 어 타임 인 아메리카Once Upon a Time in America〉의 아련한 장면을 지금도 기억한다. 가족과 매년 크리스마스 때 함께 다시 찾아보는 영화도 있다. 〈34번가의 기적Miracle On 34th Street〉과 〈러브 액츄얼리Love Actually〉가 그런 영화다.

꼭 물리학자라서는 아니지만 SF 영화도 무척 좋아한다. 'Science

Fiction'을 줄인 SF는 당연히 과학과 픽션이 합해진 말이다. 많은 이들이 오해하는 것과는 달리, SF 영화를 볼 때 나는 Science는 영화의 배경 정도로만 간주하고 오히려 Fiction에 주목한다. 눈 부릅뜨고 과학적 오류를 찾아 트집을 잡으려고 애쓰는 것은 SF 영화를 즐기는 올바른 태도는 아니라고 생각한다. 그래도 영화를 보다 보면 가끔은 과학적인 오류가 아무래도 눈에 들어오기는 한다. 그렇다고 해도 개연성이 있다면 영화 감상 자체에 방해받는 일은 없다.

남녀 주인공이 저녁 먹고 데이트 하는 TV 드라마 장면에서 하늘에 떠 있는 달이 초승달이 아니라 그믐달인 경우를 본 적이 있다. 초승달은 오른손을 살짝 구부린 모습이고, 그믐달은 왼손을 살짝 구부린

그럴싸하고 잡(Job)스러운 물리학자의 탐구생활

모습이다. 초승달은 초저녁에만, 그믐달은 새벽녘에만 볼 수 있어서, 초저녁 데이트 때 그믐달을 볼 리는 없다. 이런 장면을 볼 때도 화면에서 그믐달이 아니라 초승달이 맞는데 하는 생각이 떠오르긴 하지만 그렇다고 두 주인공의 달달한 사랑 얘기에 몰입하지 못하는 것은 아니다. 어쩌면 드라마에서도 두 주인공이 밤을 꼬박 넘겨 새벽까지 데이트를 했을 수도 있으니까.

인터스텔라

기억에 남는 영화 속 옥에 티를 더 소개해 보자. SF 영화 〈인터스텔라〉에서 인류는 살기 어려워진 지구를 떠나 머나먼 외계 행성으로 이주 계획을 세운다. 두 방법 중 하나가 바로 인간의 수정란을 우주선에 싣고 외계로 가는 것이다. 생물학을 잘 모르는 내가 봐도 이 방법은 문제가 많다. 수정란만 외계 행성으로 보내 인류가 다시 생존을 계속 이어가기는 어렵기 때문이다. 우리 인간의 장에는 여러 종류의 미생물 박테리아가 함께 살고 있다. 수정란에 유전 정보가 들어 있을 리 없는 이런 박테리아가 없다면 우리 인간은 음식물을 제대로 소화시킬 수 없다. 다른 이유도 있다. 인간에게는 유전 정보뿐 아니라 태어난 후 적절한 양육 환경과 다른 사람과의 접촉이 필수적이다. 쉽지는 않겠지만 수정란에서 태어난 인간이 생존한다고 해도, 이 인간이 우리와 같은 문화와 언어, 그리고 사회성을 갖도록 하는 것은 정말 어려운 일일 수 있다.

영화 〈인터스텔라〉에 엄청난 질량을 가진 블랙홀 주변의 밀러 행성 장면이 등장한다. 밀러 행성에 착륙한 우주선이 잠시 뒤 탈출하는 장면이 있다. 밀러 행성에 착륙했다가 다시 이륙해서 모선에 돌아온 동료의 몇 시간이 우주선에서 기다리던 사람에게는 몇십 년의 시간에 해당한다는 것, 즉 중력에 의한 시간 지연 효과가 흥미롭게 묘사되어 있다. 내가 처음 이 장면을 보았을 때는 엄청난 시간 지연 효과가 밀러 행성의 큰 중력 때문으로 오해해서 영화의 오류라고 믿었다. 만약 그렇다면 이렇게 큰 표면 중력을 가진 밀러 행성에서 작은 비행선으로 탈출하는 것은 불가능하다고 생각했기 때문이다. 이참에 영화를 다시 찬찬히 보니, 밀러 행성의 표면 중력은 지구보다 조금 큰 정도라는 정보가 이미 영화에 담겨 있었다. 그렇다면 영화의 시간 지연 효과의 근원은 밀러 행성 자체의 중력이 아니라 엄청난 크기의 블랙홀 가르강튀아 때문이어야 한다. 즉, 가르강튀아 블랙홀의 사건의 지평선 아주 가까이에서 밀러 행성이 공전하고 있다면 영화의 시간 지연 효과는 원칙적으로는 얼마든지 가능하다.

겨울왕국

영화 〈겨울왕국Frozen〉에 엘사Elsa가 물을 순식간에 얼려 얼음 궁전을 만드는 장면이 나온다. 마술처럼 황홀한 이 장면을 보다가 '과연 엘사의 얼음 궁전을 실제로 만들 수 있을까?' 궁금해졌다.

　잠깐 검색해 보니 현실에서 10층 정도 건물을 만들기 위해 필요한 콘크리트의 양은 대충 100~1,000m³ 정도라고 한다. 엘사가 이 정도 크기의 얼음 궁전을 만들기 위해 필요한 얼음 양은 최소한 1,000m³는 되어야 한다. 얼음은 콘크리트보다 강도가 약하니 1,000m³는 최솟값이지만 일단 이 정도 부피의 얼음을 만들어내기 위해 필요한 에너지를 생각해 보자. 섭씨 0도 액체인 물을 고체인 얼음으로 만드는 과정에서 밖으로 뽑아내야 하는 에너지를 숨은열이라고 한다. 잠깐 계산해 보니 이 정도 부피의 물을 얼리기 위해 필요한 에너지는 제 2차 세계대전 때 일본에 투하된 원자폭탄의 약 10분의 1 정도가 된다. 만약

전기를 이용한 냉동고로 이 정도 부피의 물을 얼린다면 1억 원 정도의 전기 요금이 든다.

다른 방법도 있다. 직접 물을 얼리지 않고, 시중에서 파는 얼음을 사서 얼음 궁전을 짓는 것이다. 10kg의 얼음은 요즘 소비자 가격으로 2만 원 정도여서 약 10억 원 정도의 비용이 든다. 이 정도면 얼음 공장에서 좀 깎아주기는 할 테니, 아마도 몇억 원 정도면 얼음 궁전을 만들 수 있을 것이다. 얼음을 얼리기 위해 필요한 비용은 그렇다 해도, 영화에서처럼 순식간에 물을 얼리는 것은 그리 가능해 보이지 않는다.

영화 속 과학적 오류 ③
타이타닉

아내와 함께 본 영화 〈타이타닉〉의 마지막 장면을 기억한다. 디카프리오가 열연한 주인공 남자가 차가운 바닷물에 떠 있다 결국 죽고, 시간이 지나 꽁꽁 언 몸이 바닷속으로 천천히 가라앉는 모습이다. 사랑하는 남자가 가라앉는 것을 안타깝게 바라보는 여자 주인공의 애절한 얼굴이 떠오른다. 영화를 감동적으로 감상하고 나서 돌연 이 장면을 떠올렸다.

사람의 몸을 구성하는 물질 중 상당 부분이 물로 이루어져 있다. 그리고 액체인 물이 얼어서 얼음이 되면 밀도가 오히려 낮아진다. 컵에 담긴 물에 얼음을 넣으면 얼음이 아래로 가라앉는 것이 아니라 뜨는 걸 보면 알 수 있다. 동사한 다음 꽁꽁 몸이 언 사람은 물에 가라 앉지 못한다.

영화 마지막 장면을 보면 바다는 여전히 액체 상태인데, 사람의 몸은 추위에 꽁꽁 얼어버린다. 과연 가능한 일일까? 어느 정도 온도 범위 안에서는 가능하다. 먼저 알아야 할 것이 있다. 바닷물의 염분 농도는 약 3%이고, 사람의 몸속 염분 농도는 약국에서도 판매하는 생리식염수와 같은 약 1%다. 사실 생리식염수라고 부르는 이유가 바로 살아 있는 사람의 몸속 염분 농도와 같기 때문이기도 하다. 추가로 알아야 할 과학 지식이 있다. 염분 농도가 늘어나면 물이 어는 온도가 낮아진다는 사실이다.

결국 바닷물은 여전히 액체 상태를 유지해도, 죽은 사람의 몸은 얼어버리는 적당한 온도 영역이 존재할 수 있다는 것을 알 수 있다. 실제로도 바닷물은 영하 2도 정도에서 언다고 하니, 영화의 마지막 장면에서 당시 바닷물의 온도가 영하 2도와 0도 사이라는 것을 추정할 수 있다.

그렇다면 차가운 겨울 바다에 빠지면 우리 몸은 얼마나 견딜 수 있을까? 바닷물 온도에 따라 다르다. 온도가 아주 낮다면 물에 빠진 사람은 10~15분 정도밖에 살 수 없다. 몸 깊숙한 곳의 체온을 뜻하는 '심부체온core temperature'이 중요하다. 심부체온이 약 28도 아래만 떨어져도 사람은 의식을 잃고 사망에 이르게 된다고 한다. 즉, 차가운 바닷물에 빠지면 익사 위험도 있지만 수영을 잘하고 구명조끼까지 입었다고 해도 저체온으로 인해 오래 버티지 못한다. 겨울 바다는 위험하다.

스타워즈

〈스타워즈$^{Star Wars}$〉 시리즈도 정말 좋아한다. 멋진 시각 효과, 흥미로운 줄거리, 그리고 우주 곳곳을 넘나드는 방대한 세계관이 인상적인 영화다. 그래도 가끔은 '아, 저건 아닌데' 하고 고개를 갸웃하게 하는 장면이 있다. 제다이와 다스베이더가 광선검^{lightsaber}을 들고 대결을 펼치는 장면도 그 중 하나다. 정말 빛을 이용한 광선검이 가능할까?

반사율이 큰 거울이 반대쪽에 있다면 당연히 빛은 거울 면에서 반사해 방향을 바꿔 다시 되돌아온다. 하지만 빈 공간을 진행하던 빛이 저절로 도중에 멈추거나, 아니면 방향을 바꿔 되돌아올 수는 없다. 스타워즈 영화의 제다이는 짧은 막대처럼 보이는 광선검을 지니고 다니다가 손잡이 부분에 있는 스위치를 작동시킨다.

우리 주변에서도 쉽게 볼 수 있는 레이저포인터처럼 광선검이 강한 빛을 발생시키는 것은 당연히 가능하지만, 이렇게 만들어진 빛이 일정한 거리 안에만 머물도록 하는 것은 불가능하다. 현실이라면 제다이의 광선검에서 출발한 빛은 레이저포인터의 불빛처럼 계속 직진해야만 한다.

영화에서는 또 광선검으로 두 인물이 대결할 때 광선검끼리 '지잉'하는 소리를 내며 부딪친다. 물론 이것도 불가능하다. 진행하는 두 빛의 경로가 공간상의 한 점에서 만나도 잠시 뒤 두 빛은 처음의 진행 경로로 진행할 뿐이다. 두 빛이 만나 소리를 내며 반발할 수는 없다.

스타워즈 영화뿐 아니라 다른 SF 영화 중에는 우주 공간에서 두 우주선이 레이저처럼 보이는 광선 무기로 서로 공격하는 장면이 등장한다. 사실 이것도 오류다. 먼저 우리가 레이저포인터를 작동시키면 공기 중에서 빛의 직선 경로가 보이는 이유를 생각해 보자. 출발한 위치에서 도착한 위치까지 빛이 직진만 한다면 그 빛의 경로에서 옆으로 벗어나 있는 우리 눈에 빛이 도달할 리는 없다. 우리 눈에 레이저 불빛의 직선 경로가 보이는 이유는 그 경로 위의 무언가가 빛을 온갖 방향으로 산란시키고, 이렇게 산란된 빛의 일부가 우리 눈으로 들어오기 때문이다.

만약 레이저 불빛의 경로상에 빛을 산란시킬 수 있는 입자가 전혀 없다면 빛의 경로를 옆에서 볼 수 없다는 얘기다. 당연히 우리가 살아가는 공기 중에는 온갖 작은 먼지 입자들이 있고, 이들 입자가 빛을 산란시키기 때문에 우리가 레이저 불빛의 직선 경로를 볼 수 있는 것이다. 알다시피 진공인 우주 공간에는 빛을 산란시킬 수 있는 입자가 거의 없다. 영화의 광선 무기가 실제로 존재한다고 해도, 광선의 진행 경로에서 벗어나 있는 사람에게 빛이 보일 리 없다.

비슷한 다른 오류도 SF 영화에 간혹 등장한다. 우주 전투 장면에서 광선 무기를 쏘면 '슝슝' 하는 소리를 영화에서 들려주는데 이것도 오류다. 우주 공간은 진공이어서 소리를 전달할 매질이 없고, 따라서 우주선이 광선 무기를 쏘든, 대포를 쏘든, 무엇이 폭발하든 우리는 아무 소리도 들을 수 없다.

〈스타워즈〉처럼 우주를 배경으로 하는 SF 영화를 오류가 없게 만든다면 어떤 모습일까?

우주 전함 사이의 휘황찬란한 광선 무기 전투 장면에서 광선이 보이지 않고, 광선 포에 맞아 우주선이 폭발해도 아무 소리도 들리지 않아야 한다. 오류는 없어도 이처럼 심심한 전투 장면보다는 오류는 있어도 멋있는 장면이 더 낫지 않을까? 아무리 과학자라도 파랗고 빨간 광선을 쏘며 서로 전투를 벌이고, 광선 포에 맞아 천둥 같은 소리를 내며 폭발하는 장면이 더 좋다.

그럴싸하고 잡(Job)스러운 물리학자의 탐구생활

스파이더맨

영화 〈스파이더맨^{Spider-Man}〉에는 스파이더맨이 거미줄을 이용해 빌딩 사이를 날듯이 빠르게 이동하는 장면, 손목에서 방출되는 거미줄을 엮어서 빠르게 달리는 기차를 멈추는 장면이 등장한다. 거미줄이 과연 스파이더맨의 체중을 버틸 수 있을까? 달리는 기차를 세울 수 있을 만큼 거미줄이 튼튼한 걸까?

거미줄은 사실 정말 놀랍도록 튼튼한 물질이다. 인터넷에서 찾은 자료에 따르면, 만약 여러 거미줄을 합쳐 길게 꼬아서 길이 1km, 반지름 10cm 정도의 두툼한 밧줄을 만들면 날아가는 비행기를 낚아채 멈출 수 있을 정도라고 한다. 다만 이 정도 길이와 굵기의 밧줄을 거미줄로 만들려면 수천 억 마리의 거미가 필요하니 현실에서는 불가능할 듯하다.

영화 속 스파이더맨은 손과 발을 이용해 벽을 기어오르고 천장에 거꾸로 붙어 자유롭게 움직인다. 물론 우리가 볼 수 있듯이 모기나 파리 같은 작은 곤충뿐 아니라 작은 도마뱀도 얼마든지 천장에 거꾸로 붙어 움직일 수 있다. 하지만 이보다 몸집이 큰 강아지나 고양이가 천장에 딱 붙어 있는 모습은 단 한 번도 볼 수 없다. 기억을 떠올려보라. 천장에 붙어 움직일 수 있는 동물에게는 공통점이 있다. 하나같이 작아서 가벼운 동물이라는 점이다.

파리와 모기 같은 곤충의 다리 부분에는 많은 털이 있다. 파리나

모기는 이 털들을 벽에 접촉시키고 털과 벽 사이에 작용하는 인력을 이용해 거꾸로 매달린다. 털이 많다면 털과 벽 사이의 실제적인 접촉 면적을 크게 할 수 있기 때문이다. 만약 파리가 지금보다 10배 정도 커졌다고 상상해 보자. 한쪽 방향의 길이가 10배씩 늘어나므로 부피는 $10 \times 10 \times 10$을 해서 1,000배가 커지고, 따라서 부피에 비례하는 파리의 몸무게도 1,000배가 된다. 즉, 파리를 중력 방향인 아래로 잡아당기는 힘이 1,000배로 커진다는 뜻이다.

한편 파리를 천장에 붙어 있게 하는 힘은 천장과 맞닿는 다리털 전체의 면적에서 나오므로 10배로 커진 파리 몸의 면적과 다리털 전체의 면적은 10×10을 해서 100배밖에 늘어나지 않는다. 파리가 똑같은 모습으로 10배가 커지면 아랫방향으로 작용하는 중력은 1,000배나 늘어나는데, 파리를 천장에 붙어 있게 하는 윗방향의 인력은 100배밖에 늘지 않는 것이다. 결국 몸길이가 10배 늘어난 파리는 천장에 거꾸로 붙어 있을 수 없다. 같은 이유로 스파이더맨이 천장에 거꾸로 붙어 있기란 매우 어려울 것이다. 간단한 이유다. 사람이 거미보다 무척이나 크기 때문이다.

과학적으로 가장 잘 만들었다고 생각한 영화

영화 속 오류를 이야기했지만, 나 같은 과학자도 SF 영화를 볼 때, 이렇게 시시콜콜 과학적인 오류를 찾으려고 눈을 부릅뜨지는 않는다. 일단 영화에 그려진 상상의 세계를 받아들이고는 영화를 즐긴다. 폭넓은 상상을 펼치는 영화감독과 원작 소설의 작가에게 감탄할 때가 많다.

스탠리 큐브릭Stanley Kubrick 감독의 〈2001 스페이스 오디세이〉는 내가 참 좋아하는 SF 영화다. 거의 60년 전인 1968년에 개봉한 영화라는 것이 믿기지 않을 정도로, 지금 다시 보아도 전혀 시대에 뒤떨어져 보이지 않는 영화다. 인간이 달에 첫 번째 발걸음을 내디딘 것이 1969년이니, 인간이 달에 가기 전 영화다.

이 영화에는 흥미로운 장면이 많다. 먼저 기억나는 것이 우주 공간에서 인공중력을 만들어내는 장면이다. 우주선을 커다란 도넛 모양으로 만들고 도넛의 한가운데를 중심축으로 해서 전체를 회전시키는 방식으로 인공중력을 만들어낸다. 〈2001 스페이스 오디세이〉는 도넛 모양 우주선 내부의 안쪽 면을 따라 한 바퀴 빙 둘러 조깅하는 장면을 연속해서 보여준다. 조깅하는 이가 아무런 문제 없이 머리를 아래쪽으로 해서 달리는 것도 볼 수 있다.

이 장면을 어떻게 촬영했을지 생각해 볼 수 있을까? 사실 아주 간단하고 재밌는 트릭이다. 쳇바퀴 도는 다람쥐를 떠올리면 된다. 바퀴는 돌아도 다람쥐는 바퀴 아래쪽 제자리에서 계속 달린다. 만약 빙글빙글 도는 쳇바퀴의 한 부분에 카메라를 고정하고 달리는 다람쥐를 찍는다면, 다람쥐가 달리는 모습이 어떻게 보일지 생각해 보라. 〈2001 스페이스 오디세이〉의 유명한 360도 회전 조깅 장면도 바로 이렇게 만들어냈다.

이 영화에는 'HAL9000'이라는 이름의 인공지능 컴퓨터가 등장한다. 이 컴퓨터를 보면 요즘 빠르게 발전하고 있는 인공지능이 떠오른다. HAL9000은 인간이 자기에게 준 큰 목표를 달성하기 위해서 승무원을 해치는 것으로 묘사된다. 인간이 부여한 최종 목표를 달성하기 위한 중간 단계의 목표를 스스로 설정할 수 있는 인공지능은 어쩌면 인간을 해칠 수도 있다는 중요한 통찰을 이 영화가 담고 있다. 지구의 기후 변화를 해결하라는 궁극적인 목표를 달성하려면 인간 존재가 방해된다고 판단할 수도 있는 미래의 인공지능에 대한 고민이 필요하다.

2014년에 개봉한 〈인터스텔라〉도 과학적인 내용이 잘 담긴 영화다. 이 영화의 감독 크리스토퍼 놀란은 물리학자 킵 손^{Kip Stephen Thorne}의 꼼꼼한 자문을 받았다. 영화 중간에 등장하는 칠판의 수식도 실제로 존재하는 물리학 이론이다. 이 영화의 블랙홀 장면도 마찬가지다. 킵 손이 아인슈타인의 일반상대성이론을 기초로 계산한 결과를 그래픽으로 시뮬레이션한 것이라고 한다. 영화에 등장하는 마치 도넛처럼 보이는 블랙홀과 주변 모습을, 2019년 실제로 관측되어 발표된 블랙홀 사진 이미지와 비교하면 서로 닮은 모습을 볼 수 있다.

에브리씽 에브리웨어 올 앳 원스

여러 장르의 영화를 고루 좋아하지만, 내가 가장 좋아하는 SF 영화 다섯 편을 꼽아보았다. 첫 번째 소개할 영화는〈에브리씽 에브리웨어 올 앳 원스^{Everything Everywhere All At Once}〉다. 제목이 길어서 그런지 우리나라에서는 '에에올'로 줄여 부르는 사람이 많다. 물리학의 다세계 해석^{many-world interpretation}과 평행우주^{parallel universe}의 개념을 배경으로 멋진 이야기를 재밌게 풀어낸 영화다.

물리학에서는 우주가 하나가 아니라 여럿일 가능성을 생각할 수 있다. 하지만 한 우주가 다른 우주에 영향을 미치거나 한 우주에서 다른 우주로 어떤 존재가 이동할 수는 없다고 생각한다. '에에올'은 한 우주에서 다른 평행우주로 건너가는 것을 '버스 점프^{verse jump}'라고 부르며, 얼마든지 버스 점프가 가능한 세상에 대한 상상을 담고 있다. 버스 점프의 '버스'는 우리말로 적으면 같아 보여도 대중교통수단 버스 'bus'가 아니라 우주를 뜻하는 '유니버스universe'의 'verse'다.

물리학의 비선형 동역학nonlinear dynamics 분야에 '카오스chaos'라는 중요한 개념이 있다. 카오스는 처음의 아주 작은 차이가 시간이 지나면 크게 늘어나서 결국 아주 큰 결과의 차이를 만들어낼 수 있다는 것을 일컫는다. 처음의 아주 작은 차이가 큰 결과의 차이를 만들어낸다면, 처음의 차이가 더 커지면 결과의 차이는 훨씬 더 커지게 된다. '에에올'에서 처음의 차이를 크게 만들어 내는 방식이 정말 기발하면서도 흥미롭다. 버스 점핑을 하려는 사람이 현재 존재하는 우주에서 결코 어느 누구도 하지 않을 황당한 행위를 하면, 결국 아주 멀리 떨어진 다른 평행 우주로 버스 점핑할 수 있다는 설정이다. 영화를 보면 입술 크림을 우걱우걱 씹어 먹고, 책상 밑에 붙어 있는 껌을 씹기도 하

그럴싸하고 잡(Job)스러운 물리학자의 탐구생활

며, 종이를 스테이플러로 이마에 박기도 한다. 이런 황당한 행위를 통해 더 먼 우주로 버스 점핑 할 수 있다는 유머러스한 장면이다.

'에에올'은 SF적인 세계관이 잘 반영된 영화이면서 동시에 가족의 의미도 감동적으로 그리고 있는 따뜻한 영화다. 아무리 하찮고 볼품 없어도 내가 지금 살아가는 이 우주가 가장 소중하다고 우리에게 속삭이는 영화다. 영화를 보면서 실존주의와 부조리의 철학을 떠올릴 수도 있다. 영화의 주인공 에블린은 아무것도 아니라서 무엇이라도 될 수 있어 우주를 구해내는 역할을 맡는다. 살아가는 세상의 무의미함과 부조리를 느낄 때, 아무것도 아니라서 더 소중한 바로 지금, 바로 이곳의 나와 우리를 생각해 보기를 바란다.

물리학자가 추천하는 꼭 봐야 할 영화들 ②
듄

두 번째 소개할 영화는 〈듄Dune〉이다. 영화를 더 깊이 이해하고 싶어 원작 소설을 먼저 읽었다. 벽돌처럼 두꺼운 무려 여섯 권의 책으로 구성된 장편소설이다. 소설을 모두 읽고는, '이 방대한 이야기를 감독이 도대체 모두 영화로 풀어낼 수 있을지' 걱정이 앞섰다. 아니다 다를까 영화 〈듄〉 1편은 여섯 권 중 1권의 앞부분 정도만 다뤘다. 1권의 내용도 사실 방대해서 그 정도도 사실 엄청난 분량이다.

소설을 읽으며 가만히 마음속에 떠올렸던 시각적 이미지를 영화 속 장면과 비교하는 것도 재밌었다. 아라키스 행성의 풍경, 사막 종

족 프레멘^{Premen}의 옷, 거대 생명체 모래벌레의 모습이 내가 떠올렸던 이미지와 정말 흡사하게 영화에서 펼쳐지는 것을 보면서 감탄이 절로 나왔다. 마치 감독이 내 머릿속을 들여다보고 영화 장면에 반영이라도 한 것 같았다. 여성들의 신비로운 집단 베네 게세리트가 목소리의 힘으로 상대를 자신의 의지대로 조종하는 소설 장면에서 상상한 강한 목소리가 영화의 음향효과로 구현된 것도 인상 깊었다. 여섯 권 소설을 모두 읽기가 벅찬 사람이라도 1권은 꼭 읽고 〈듄〉 1편과 2편 영화 보기를 추천한다.

물리학자가 추천하는 꼭 봐야 할 영화들 ③
블레이드 러너

〈블레이드 러너^{Blade Runner}〉는 두 번 영화로 만들어졌다. 둘 중 내가 더 좋아하는 것은 리들리 스콧^{Ridley Scott}이 감독한 1982년 영화다. 내가 좋아하는 영화에는 공통점이 있다. 나는 답하는 영화보다 보고 나서도 나를 깊은 고민으로 이끄는, 의미 있는 질문을 제시하는 영화를 더 좋아한다. 〈블레이드 러너〉는 '과연 인간이란 어떤 존재인가?'를 묻는 영화다. 인간의 현재 정체성을 만들어내는 것 중 중요한 것이 과거의 경험이다. 영화는 과거의 경험과 기억이 인간만의 독특함인지 묻는다.

이 영화의 레플리컨트^{replicant}(복제물의 뜻을 가진 단어다. 원작 소설에서는 이들을 안드로이드^{android}라고 부른다) 주인공 레이첼은 실제 한 인간의 어린 시절을 소중한 기억으로 가지고 있다. 영화는 내게 과거의 경험과 기억을 인간처럼 가지고 있는 존재를 인간과 구분하는 것이 가능한지 묻는다.

우리 인간의 독특한 특성으로 이성을 꼽을 수도 있다. 영화에 등장하는 또 다른 레플리컨트 프리스는 철학자 르네 데카르트^{Rene Descartes}가 남긴 유명한 말 '나는 생각한다. 고로 나는 존재한다'를 독백한다. 인간처럼 사고하는 이성을 가진 존재를 보여주며 이성이 인간의 유일한 독특함인지를 묻는 장면이다. 이 영화의 원작 소설에는 안드로이드 루바 루프트가 등장한다. 이 안드로이드는 놀라운 예술성을 가진 아름다운 목소리로 노래하는 오페라 가수다. 소설에서 루바는 뭉크의 그림을 감상하다가 체포된다. 예술성이 인간만의 전유물일까를 묻는 장면이다.

영화와 원작 소설은 이처럼 인간이 아니지만 인간의 특성을 가진 존재와 인간을 구분하는 경계를 끊임없이 탐색한다. 인간처럼 경험하고 기억하며, 인간처럼 사고하며 예술을 사랑하고, 인간처럼 다른 존재와 공감하는 존재를 우리가 상상할 수 있다면, 과연 도대체 인간은 무엇인지 묻는 멋진 영화다.

물리학자가 추천하는 꼭 봐야 할 영화들 ④
매트릭스

〈매트릭스^{matrix}〉도 물리학자라면 빼놓을 수 없는 추천 영화다. 여러

편이 있지만 나는 〈매트릭스 1〉을 가장 좋아한다. 어림잡아 지금까지 열 번은 본 것 같다. 볼 때마다 그전에는 미처 보지 못했던 새로운 감상 포인트를 계속 발견하게 되는 정말 놀라운 영화다. 이 영화도 〈블레이드 러너Blade Runner〉처럼 답하는 영화가 아니라 묻는 영화라고 나는 생각한다. 영화는 내게 실재와 가상을 구별할 수 있는지, 내가 바로 지금 이곳에 존재한다는 확신은 어떤 근거를 가지는지 묻는다.

영화 속 대부분의 인간은 외부에서 영양분을 공급받으며 작은 공간에 갇혀 평생을 살아간다. 우리 뇌가 느끼고 감각하고 사고하는 모든 것은 실제로도 뇌의 신경세포 사이 전기신호의 흐름이라는 미시적 형태로 구현된다. 영화 속 통 안에 갇힌 인간에게 외부 자극을 전기신호 형태로 뇌에 주입하면, 인간의 뇌는 이 자극을 실제 자신의 몸으로 감각한다고 얼마든지 믿게 할 수 있다는 상상이 영화에 담겼다. 그렇다면 '나는 통 안에 담겨 있는 뇌가 아니라, 실제 몸을 가지고 실재하는 공간에 존재하고 있다는 걸 어떻게 확신할 수 있을까?' 확신할 수 없다고 주장하려는 것은 아니다. 분명히 나는 바로 지금 이곳에 존재하고 있다. 내가 묻고 싶은 질문은 이러한 나의 존재에 대한 확신이 도대체 어떤 근거를 가지는가이다.

물리학자가 추천하는 꼭 봐야 할 영화들 ⑤
컨택트

마지막으로 소개할 영화는 〈컨택트〉다. 영화의 영어 제목은 〈어라이벌Arrival〉이다. 이 영화 말고 〈콘택트Contact〉라는 제목의 또 다른 영화가 있다. 〈콘택트〉는 천문학자인 칼 세이건Carl Edward Sagan이 쓴 소설을 원작으로 조디 포스터Jodie Foster가 주연한, 외계 지적 생명체와 인류 사이의 전파통신을 이용한 접촉(contact)을 다룬 영화다. 〈콘택트〉도 〈컨택트〉도, 둘 다 내가 정말 좋아하는 영화다.

영화 〈컨택트〉의 원작 단편소설 〈네 인생의 이야기〉는 내가 좋아하는 SF 작가 테드 창Ted Chiang의 작품이다. 영화와 소설은 여러 철학적 질문을 제시한다. 우리가 세상을 바라보는 익숙한 방식과 완전히 다른 방식으로 세상을 이해할 수도 있지 않을지, 우리의 언어와 사고는 어떤 관계가 있는지 묻는다. 테드 창은 학부에서 물리학과 컴퓨터공학을 복수 전공한 과학도이기도 하다. 전 세계 모든 대학교의 물리학과에서는 1학년 때 뉴턴의 고전 역학을 운동 방정식의 형태로 먼저 배우고, 2학년이 되면 '라그랑주 역학Lagrangian mechanics'의 방식으로 고전 역학을 다시 배운다.

테드 창은 라그랑주 역학과 뉴턴 역학에 관련된 세상을 기술하는 서로 다른 두 관점을 제시하고 비교한다. 소설에서는 가장 중요한 부분이라고 할 수 있지만, 내용이 어려워서인지 아쉽게도 영화에서는 자세히 다루어지지 않았다. 뉴턴의 방식은 시간의 순서로 차례차례 진행하는 방식으로 운동을 설명해 인과율을 따른다면, 라그랑주의 방식은 과거, 현재, 미래를 모두 포함한 전체의 시간 경로를 설명해 일종의 목적론의 관점을 따른다. 지구를 방문한 외계인은 목적론을 따른 무시간적 사고방식을 가지고 있으며, 외계인의 언어에 숙달한 지구의 언어학자도 자신의 미래를 과거처럼 같은 순간에 인식하게 된다는 흥미로운 내용이 펼쳐진다.

물리학자로서 내가 추천하는 다섯 편의 SF 영화를 소개했다. SF 영화와 SF 소설을 통해서 세상을 이해하는 과학의 관점을 익혀, 세상을 이해하는 사고의 범위를 넓힐 수 있기를 바란다.

물리학자는 무인도에서
어떻게 살아남을까?

왜 과자 봉지는 톱날 부분이 더 잘 뜯길까?

과자 봉지에는 손으로 잡고 쉽게 뜯을 수 있는 위치에 절취선이 표시되어 있고, 봉지 부분은 톱니 모양의 요철이 있다. 양손으로 이 부분을 꼭 잡고 서로 반대 방향으로 손을 움직이면 톱니 오목하게 들어간 끝부분에서 시작해서 봉지가 찢기는 것을 볼 수 있다. 오목한 부분의 끝에 힘이 집중되어 강한 압력이 가해지면서 이 부분이 먼저 찢어지기 시작한다. 만약 이렇게 해도 봉지가 잘 찢기지 않으면 동전을 이용하면 도움이 될 수 있다. 왼손 엄지와 검지에 동전을 하나씩 두고는 과자 봉지의 톱니 부분을 동전 사이에 넣고 손가락을 꼭 오므린 다음, 오른손을 움직여 잡아당기면 응력집중이 더 효율적으로 발생해 과자 봉지가 더 잘 찢어진다.

과자 봉지의 절취선 부분은 봉지의 오른쪽에 있을 때가 많다. 물리학으로 생각하면 왼쪽, 오른쪽이 다를 리는 없다. 뜯으라고 표시된 부분이 봉지의 오른쪽에 있는 이유는 오른손잡이가 많아서라고 한다. 오른손의 쥐는 힘이 더 강한 오른손잡이는 왼손으로는 봉지에 표시된 톱니의 왼쪽 부분을 잡고, 오른손을 움직여 잡아당기며 봉지를 뜯는 것이 더 편리하다. '뜯는 곳'으로 표시된 부분의 봉지 재질이 다르다는 이야기도 있지만, 그렇지는 않은 것 같다. 톱니 모양으로만 만들어도 봉지를 뜯는 것이 그리 어렵지 않은데 굳이 봉지의 재질을 다르게 해서 봉지 제작 원가를 높일 이유는 없다. 아마도 톱니 부분을 잡고 뜯으면 의외로 쉽게 봉지가 잘 찢어지는 것을 본 사람들이 그 부분의 재질이 다를 것이라고 짐작했을 뿐인 것으로 보인다.

비닐 랩이 금속 그릇에 잘 붙지 않는 이유

가끔 사람들이 내게 이메일로 질문을 하고는 한다. 주방에서 자주 사용하는 비닐 랩은 유리 용기에는 잘 붙지만 스테인리스 그릇에는 잘 붙지 않는 이유를 묻는 이도 있었다. 무척 흥미로운 질문이라고 생각했다. 종이 심지에 칭칭 감겨 있는 비닐랩을 잡아당겨서 펼치면 비닐랩끼리 떨어지면서 한쪽은 플러스 전하, 다른 쪽은 마이너스 전하를 띠게 된다. 우리 모두 익숙한 정전기 현상이다. 우리가 일상에

그럴싸하고 잡(Job)스러운 물리학자의 탐구생활

서 경험하는 대부분의 현상이 그렇듯 비닐랩이 붙는 것도 물리학의 전기력에 관련된 현상이다.

전하를 띠고 있는 비닐랩을 유리 용기에 붙이면 어떤 일이 벌어질까? 유리는 전류가 잘 흐르는 도체는 아니지만 유리 안에도 극성을 띠고 있는 분자들이 존재한다. 만약 마이너스 전하를 띠고 있는 비닐랩이 유리 용기의 표면에 아주 가까워지면 유리 용기 안 극성 분자의 방향이 바뀐다. 극성 분자에서 플러스 전하가 있는 쪽이 마이너스 전하를 가진 비닐랩 쪽에 더 가까워진다. 결국 비닐랩과 유리 용기 사이에는 서로 잡아당기는 방향의 전기력이 발생하고, 비닐랩은 유리 용기에 찰싹 달라붙게 되는 것이다.

스테인리스 같은 금속 용기에 비닐랩이 잘 붙지 않는 이유도 생각할 수 있다. 금속은 대부분 도체여서 그 안에서 전자가 자유롭게 움직일 수 있는 물질이다. 만약 플러스 전하를 띠고 있는 비닐랩이 금속 용기의 표면에 닿게 되면, 금속 표면의 전하는 쉽게 비닐랩으로 전달되고, 결국 비닐랩은 전하를 가지지 못하게 되어서 금속 용기 사이에 전기력이 발생하지 않는다. 따라서 비닐랩은 금속에는 잘 부착되지 않고, 유리와 같은 부도체에는 잘 부착된다는 것을 알 수 있다.

그런데 같은 유리 용기인데도 비닐랩이 잘 붙지 않는 경우가 있다. 유리 용기가 고르지 않고 울퉁불퉁할 때 그렇다. 비닐랩과 유리 용기 사이에 서로 잡아끄는 충분한 크기의 힘이 발생하려면 둘 사이의 거

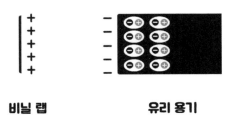

비닐 랩   유리 용기

리가 상당히 가까워야 한다. 만약 유리 용기의 표면이 울퉁불퉁하다면 표면에 이물질이 있을 수도 있고, 비닐랩이 유리 용기의 표면에 고르게 가까워지기도 어렵다. 결국 비닐랩은 이물질이 없는 표면이 고른 유리 용기에 잘 부착된다.

물리학자의 밸런스 게임 ①
다시 태어나면 맨날 굶고 지내는 물리학자 VS
억만장자이지만 과학의 '과'자도 모르는 사람

요즘 유행하는 밸런스 게임을 해보자.

"다시 태어나면 맨날 굶고 지내는 물리학자와 억만장자이지만 과학의 '과'자도 모르는 사람 중에서 어떤 사람을 선택할 것인가?"

나도 당연히 굶을 걱정 없는 억만장자로 살고 싶다. 그러나 최소한의 생활이 어느 정도 가능하다면, 물리학자로 살고 싶다. '물리학자란 인간의 가장 행복한 상태다'라는 말을 남긴 물리학자도 있고, 한 생물학자는 '과학자는 가장 행복한 인간이다'라고 말하기도 했다. 나도 진심으로 같은 생각이다. 억만장자로 살아도 과학을 굳이 다

그럴싸하고 잡(Job)스러운 물리학자의 탐구생활

잊고 살 필요는 없을 것 같다. 궁금한 것이 있으면 억만금이나 되는 돈으로 과학자를 고용해 친절하게 설명해 달라고 부탁할 수도 있지 않을까?

여하튼 나는 부자든 아니든 과학자, 특히 물리학자로 살고 싶다. 내 주변의 물리학자들은 간혹 '우리 물리학자는 물리학을 짝사랑한다'라는 농담을 한다. 나는 물리학이 너무 좋은데 물리학은 콧대가 높아 쉽게 속내를 보여주지 않는 것 같다는 뜻이다. 짝사랑이라도 나는 상관없다. 어쩌면 물리학이 쉽게 마음을 열어주지 않아서 물리학자가 더 애타게 물리학을 사랑하는 것일지도 모르겠다.

물리학자의 밸런스 게임 ②
세모, 네모, 동그라미 중에서 최고의 모양은?

두 번째 밸런스 게임의 질문이다.

"물리학자의 입장에서 세모, 네모, 동그라미 중에서 가장 완벽하다고 생각하는 도형은 무엇인가?"

잠깐의 망설임도 없이 난 동그라미(원)를 고르겠다. 물리학에서 대칭성은 너무나도 중요한 개념이다. 물리학의 대칭성은 변화 없는 변화라고 할 수 있다. 대상에 어떤 변화를 만들었는데도 그 대상이 아무런 변화를 보여주지 않을 때 물리학에서는 그 대상이 대칭성을 가진다'라고 말한다.

과거 어린 학생들을 대상으로 한 강연에서 한 물리학과 교수님이 대칭성을 '기껏 했는데……'로 표현한 것도 같은 뜻이다. 기껏 무언가를 했는데 아무런 차이가 없다는 뜻이어서 앞에서 얘기한 '변화 없는 변화와 같은 얘기다. 2차원 평면 위의 정삼각형, 정사각형, 원이 각각 가지는 대칭성을 생각해 보자. 정삼각형은 가운데 중심을 기준으로 해서 120도, 240도를 돌려도 똑같은 모습이어서 120도와 240도 회전에 대한 회전대칭성이 있다. 정사각형은 90도, 180도, 270도의 각도만큼 돌렸을 때 회전대칭성이 있다. 정삼각형과 정사각형의 회전 대칭성은 띄엄띄엄하다는 특징이 있다. 정삼각형을 120도 돌리면

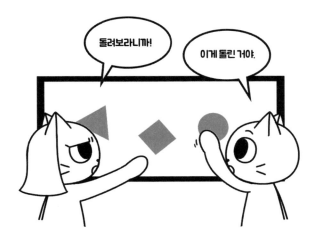

그럴싸하고 잡(Job)스러운 물리학자의 탐구생활

대칭성이 있지만, 121도 돌리면 처음의 모습과 달라진다.

내가 최고의 도형으로 선택한 원도 회전대칭성이 있다. 원의 회전 대칭성은 정삼각형과 정사각형과는 달리 연속적이다. 1도를 돌리든, 2도를 돌리든, 몇 도의 각도를 돌려도 원은 늘 제 모습을 유지한다. 2차원에서 우리가 그릴 수 있는 도형은 수없이 많지만, 이 중 딱 하나 원만이 연속적인 회전대칭성이 있다. 고대 그리스 시대의 많은 철학자와 과학자도 바로 이런 원의 특별함에 주목했다. 원이 가장 완벽한 도형이라고 생각한 그리스 학자들은 마찬가지로 당시 완벽한 것들의 세상이라고 믿었던 천상의 모든 천체 운동도 정확히 원운동을 따라야 한다고 믿었다.

사막에서 길 잃기 VS 북극에서 길 잃기

밸런스 게임을 하나 더 해보자.

"사막에서 길을 잃게 되는 상황과 북극에서 길을 잃게 되는 상황이다. 둘 중 어느 쪽을 선택할 것인가?"

질문이 그다지 명확한 것은 아니지만 물리학자인 나는 북극에서 길 잃는 것보다 사막에서 길 잃는 것이 그나마 낫다고 생각한다. 극지역이 아닌 우리나라에서 보면 북극성이 있는 쪽이 북쪽 방향이다. 똑바로 서서 북극성을 정면으로 볼 때 오른쪽이 동쪽, 왼쪽이 서쪽, 그리고 등쪽이 남쪽이라는 것을 쉽게 알 수 있다. 하지만 북극의 밤

하늘에서 북극성은 늘 바로 머리 위, 하늘 한가운데에 떠 있다. 북극에서는 북극성만 봐서는 도대체 방향을 알 수 없다. 눈에 보이는 다른 모든 별은 북극성을 중심으로 지면에 나란한 평행선을 그리며 모두 움직인다. 시계가 없다면 다른 별을 봐도 방향을 전혀 파악할 수 없다. 별을 이용해 밤에 방향을 찾기 어려운 북극에서는 낮에도 방향을 찾는 것이 쉽지 않다. 북극은 6개월 동안 밤이 이어지고, 낮 또한 6개월 동안 이어진다. 북극의 낮에는 24시간 내내 태양이 아주 낮은 고도로 떠서 높아지지도 않고 계속 옆으로만 움직인다. 따라서 북극에서는 낮에 태양을 봐도 방향을 알기 어렵다. 우리가 방향 찾는 방법으로 자주 배웠던 '북반구에서는 태양이 동쪽에서 떠서 남쪽으로 움직이며 고도가 높아진다' 같은 지식도 통하지 않는다. 낮에 태양은 뜨지도 지지도 않고, 고도 변화도 거의 없어서 지금 이 순간이 하루의 어느 때인지도 알기 어렵다. 북극에서는 밤이나 낮이나 별과 태양의 관찰만으로는 방향을 쉽게 판단할 수 없다.

내가 고른 사막은 사정이 다르다. 밤에 북극성을 볼 수만 있어도 방향을 판단할 수 있다. 게다가 해가 뜨고 지니, 해 뜨는 곳이 동쪽이고 해가 지는 곳은 서쪽이다. 유심히 해의 고도를 살피면 정각 낮 12시가 언제인지도 알 수 있다. 그때가 바로 태양의 고도가 가장 높은 시각이고, 해가 떠 있는 방향이 정남이다. 북극에서 길을 잃으면 방향을 찾기 정말 어렵지만 사막에서 길을 잃는다면 낮이나 밤이나 내가 원하는 방향을 찾아서 걸어갈 수 있다. 방향을 일단 알아야 길을 찾을 수 있으니, 북극보다 사막이 유리하다고 생각한다.

물리학자의 밸런스 게임 ④
완전자율주행 자동차의 사고 책임,
차량 제조사 VS 운전석에 앉아 있는 탑승자

앞으로 점점 중요해질 질문이 담긴 밸런스 게임을 하나 더 해보자.

"완전자율주행 자동차에 사고가 발생했다. 책임을 물어야 한다면 차량 제조사에 물어야 할까, 운전석 탑승자에게 물어야 할까?"

이 질문은 완전자율주행이 현실에 구현된 상황을 가정하고 있다. 완전자율주행의 정의를 생각하면 운전자에게 책임을 물을 수는 없다고 생각한다. 자동차 운행에 아무런 개입을 하지 않은 사람에게 책임

을 물을 수는 없기 때문이다. 질문은 운전석에 앉아 있는 탑승자에게 책임을 물을 가능성을 묻지만, 이것도 사실 말이 안 된다고 생각한다. 엄밀한 의미에서 완전자율주행 자동차에는 운적석이 없다. 어느 누구도 운전에 개입하지 않으니 말이다. 심지어 이 차에는 사람이 전혀 타지 않을 수도 있는데, 도대체 자동차 안 누구에게 책임을 묻는다는 말일까?

완전자율주행 자동차를 구성하는 요소는 여럿이다. 차량 주변의 정보를 반영해서 차의 주행을 컨트롤하는 소프트웨어도 있고, 자동차 주변의 정보를 받아들이는 여러 정보 수집 장치도 필요하다. 만약 사고가 났다면 이런 요소 중 어디에서 문제가 발생한 것인지 파악해서 그 요소를 담당한 회사에 책임을 묻는 것이 합리적이다.

현재 자동차 사고의 대부분은 차량 결함이 아니라 운전자의 조작 실수나 판단 착오로 일어난다. 아무런 실수가 없다고 해도, 정상적인 상태의 사람이 전방의 위험 상황을 파악해 브레이크를 밟을 때까지는 적어도 0.1초의 시간이 걸린다. 빠르게 주행하는 자동차의 경우 0.1초의 시간은 어쩌면 사람의 생사를 가를 수도 있다.

이에 반해 컴퓨터 소프트웨어와 자동화된 기기를 이용한다면 수집된 정보의 정확도를 올리고, 동시에 반응 시간도 큰 폭으로 줄일 수 있다. 아직은 기술이 완벽하지 않아 당장 구현하기는 어렵지만 가까운 미래에 완전자율주행 자동차가 구현되기를 내가 바라는 이유다. 교통사고의 부상자나 사망자가 지금보다 훨씬 더 줄어들 것을 예상할 수 있다.

언제가 될지 짐작하기는 어렵지만 인류가 운전에서 해방되는 날은 분명히 올 것이 확실하다. 완전자율주행 자동차가 도입되면 술을 마시든 잠을 자든 인간은 운전 부담을 훌훌 벗어던지게 될 것이다. 그때가 되면, 우리 후손들은 '우리 고조할아버지 때는 글쎄, 사람이 자동차를 운전했대'라고 이야기하면서 역사박물관을 방문할지도 모른다.

완전자율주행 자동차가 도래하는 시점에는 사고 책임을 어느 회사나 개인에게 물을지도 중요하지만, 어떻게 하면 충분한 피해보상을 할 수 있을지가 더 중요한 논점이 되어야 한다고 믿는다. 번개로 사람이 다쳤을 때 우리는 번개를 일으킨 책임자를 찾지 않는다. 안타까운 사고를 당한 사람에 대한 충분한 위로와 보상이 책임질 누군가를 찾는 것보다 더 중요할 수 있다.

아는 것이 힘이다 VS 모르는 것이 약이다

"세상 일에는 알아서 화를 입는 때도 있고, 몰라서 득이 될 때도 있다. 반대로 알면 성공하고 모르면 실패하는 경우도 다반사다. 과연 아는 것이 힘일까, 모르는 게 약일까?"

둘 중 하나를 고르자면 나는 '아는 것이 힘이다'를 선택하겠다. 모르면 우리는 어떤 것도 할 수 없다. '모르는 게 약이다'라는 것은 내게 일어난 수많은 사건 중에 우연히 어떤 것을 몰랐던 게 더 나은 결과로 이어졌을 때 통하는 말이다. 사건이 일어난 뒤에 과거를 돌이켜 보면서 '몰랐던 것이 오히려 더 좋다'라고 할 수 있는 예외적인 상황에만 성립하는 이야기라는 것이다. 알아야 무엇이라도 할 수 있다. 돌멩이가 아래로 왜 떨어지는지 알아야 중력을 극복해서 사람을 달에 보낼 수 있다. 아는 게 힘이다.

무인도에 같이 갈 사람을 뽑는다면?

"친한 동료들과 요트 여행을 하다가 조난을 당하게 되었다. 멀리 무인도가 보인다. 구명 보트는 하나, 무인도에 함께 갈 수 있는 사람도 한 명이라면 과연 누구와 같이 가겠나?"

내가 참여하고 있는 유튜브 과학 채널 〈과학을 보다〉에는 여러 출연자가 나온다. 만약 무인도에 가야 하는데 함께 갈 수 있는 사람이 이 채널의 출연진 중 한 명뿐이라면 누구에게 같이 가자고 할까?

그냥 느낌적인 느낌으로는, 정영진 MC는 낮에 시끄럽다가 밤에 조용해질 테고, 우주먼지님은 낮에 조용했다가 밤에 별자리 보며 시끄러울 것 같다. 우주먼지님 얘기야 당연히 충분히 재밌겠지만 잠을 자야 하는데 밤잠을 설치며 듣고 싶지는 않다. 무인도에서 낮은 분명 꽤 바쁜 시간일 것이다. 먹을 것도 구해야 하고, 쉴 곳도 점검하고, 밤을 편하게 보내려면 잠자리도 살펴야 할 것이다. 둘 중 한 명을 고르자면 아무래도 정영진 MC가 낫겠다. 정영진 MC도 당연히 여러 재

있는 이야기를 들려주실 테니 시간을 보내는 것도 그리 걱정되지는 않는다. 우주먼지님, 죄송!

만약 재미보다 실제 생존이 걸린 상황이라면 살아남기에 도움이 될 사람과 같이 가야 할 것 같다. 우주먼지님은 데리고 가봤자 큰 도움이 안 될 것 같다. 먹을 것을 어떻게 구할지, 위험은 어떻게 피할지 같은 생존 팁은 많이 알 것 같지 않다. 이런 점을 고려하면 어떤 건 먹을 수 있고, 어떤 물고기는 잡을 수 있는지 실용적인 지식을 갖고 있을 생물학자와 가고 싶다.

그런데 〈과학을 보다〉 식구인 김응빈 교수님은 연구 분야가 눈에 안 보이는 생물이라 물고기 잡는 데는 별로 도움이 안 될 것 같고, 이대한 교수님도 생물학자이긴 하지만 진화생물학자라서 어떤 물고기를 먹으라고 가르쳐 줄 것 같지는 않다. 그나마 둘 중에는 김응빈 교수님이 나을 것 같다. 물고기는 몰라도 '어떤 버섯은 먹을 수 있다' 정도는 알려주지 않을까?

물리학자의 밸런스 게임 ⑦
무인도에 간다면 꼭 가져갈 물건은?

"이번에는 혼자 요트 여행을 하다 조난을 당하게 되었다. 어쩔 수 없이 무인도에 가야 한다면 어떤 물건만큼은 꼭 가져갈 것인가?"

무얼 가져가고 말고를 따지기 전에, 나는 무인도에서 오래 살 자신이 없다. 그래서 단기간이라도 행복하게 보낼 수 있게 태양 전지와 휴대폰을 챙길 것 같다. 만약 무인도에 오래 있어야 한다면 그래도 살아남아야 할 테니 생존에 필요한 것도 가져가야 할 것이다. 그렇다고 쌀이나 빵 같은 식량은 가지고 가봐야 오랜 세월 버티기는 어려울 것이므로 그물과 주머니칼 같은 생존 도구를 가져가는 게 낫다. 주머니칼이 있으면 나무를 깎아서 작살을 만들어 물고기를 잡을 수 있을 테고, 가는 곳이 섬이니까 그물도 물고기를 잡는 도구로는 가장 나을 것이다. 이런저런 고민을 많이 해보았는데, 아무래도 고를 수 있다면 무인도에 안 가는 것으로 하겠다.

시작과 중간과 끝 중 가장 중요하다고 생각하는 것은?

"자, 이제 한 권의 책을 마무리하게 되었다. 책을 쓸 때도 시작과 중간과 끝이 있다. 이 세 과정 중에서 어떤 일을 하든 가장 중요하다고 생각하는 것은 무엇인가?"

'시작', '중간', '끝'. 이 셋 중에 하나를 고르라면 나는 주저 없이 시작을 선택하겠다. 시작하지 않으면 중간도 없고, 그리고 끝도 없기 때문이다. 이건 업계 비밀인데 물리학자를 비롯한 대부분의 과학자가 연구를 진행할 때도 시작이 가장 재미있다. 시작할 때에는 답이 있는지 없는지도 모르고, 답이 있을 것 같다고 하더라도 어떻게 답을 찾아야 할지도 모르는 경우도 많다. 이런 오리무중의 상황에서 한 발, 한 발 나아갈 길을 찾는 순간, 연구의 시작 부분에서 무언가 방향을 찾을 때 가장 짜릿하다. 셋 중에 하나를 고르라면 내 선택은 항상 '시작'이다. 중간도, 끝도, 시작이 없다면 불가능하기 때문이다.

초판 1쇄 발행 2025년 05월 15일

지은이 | 김범준
펴낸이 | 정광성
펴낸곳 | 알파미디어
편집 | 임은경
디자인 | 황하나

출판등록 | 제2018-000063호
주소 | 05387 서울시 강동구 천호옛12길 18, 한빛빌딩 2층(성내동)
전화 | 02 487 2041
팩스 | 02 488 2040
ISBN | 979-11-91122-92-3 (03420)

이중슬릿 그림 : wikipedia.org.

엔트로피 그림-고교생이 알아야 할 화학 스페셜/서인호/신원문화사

길버트가 들려주는 자석이야기/정완상/자음과 모음

발전기의 구조 그림 : https://www.slideserve.com/anja/8

한국전기연구 :
  https://m.post.naver.com/viewer/postView.nhn?volumeNo=23002089&memberNo=4770981

주요 국가별 전기콘센트 그림 : 한국전기안전공사
  https://blog.naver.com/niano38/221422558997

한국서부발전 : https://blog.naver.com/iamkowepo/221972776160

양수발전소 그림 : 청평양수발전소

전자기파의 종류 그림 : 전자파 안전 정보 https://emf.kca.kr
  국립전파연구원 https://www.rra.go.kr/ko/index.do
  wikipedia.org. https://en.wikipedia.org/wiki/Electromagnetic_spectrum

바람의 발생 원인 그림 : 고학나무. https://blog.naver.com/sciencetrees1/222079092170

유명한 세계의 초고층 건물들 그림 : wikipedia.org.Tallest Buildings in the World 2020

방진 장치 그림 참조 : https://blog.naver.com/twykim/223476913687

한국타이어/네이버 포스트 :
  https://m.post.naver.com/viewer/postView.nhn?volumeNo=26994788&memberNo=2508057

슬라이스 샷 그림 : https://arxiv.org/pdf/2310.11155

올림픽에 간 해부학자/이재호/어바웃어북
  https://brunch.co.kr/@happypicnicday/376
  https://blog.naver.com/birochya/221115301596

자이로드롭 제동장치 그림
  https://m.post.naver.com/viewer/postView.nhn?volumeNo=17335822&memberNo=8783807&vType=VERTICAL

아토초의 시간 스케일 비교 그림 출처 :
  스웨덴 왕립과학아카데미 노벨위원회. ©Johan Jarnestad/The Royal Swedish Academy

이그노벨상 이야기/마크 에이브러햄스 지음 ; 이은진 옮김/살림